Windows 10 パソコンお引越しガイド

8.1 7 Vista XP 対応

井村克也 著

●Microsoft、Excel、Word、Office、Outlook、Outlook Express、Internet Explorer、Windows、Windows 10、Windows 8.1、Windows 8、Windows 7、Windows Vista、Windows XP、Windows Liveは、米国Microsoft Corporationの米国およびその他の国における登録商標、または商標です。

●その他、一般に本書に掲載したソフト名、システム名等は、各社の登録商標、商標または商品名です。本文中では、©、®、™ などのマークは表示していません。

はじめに

Windows 10がリリースされました。スタートメニューが復活し、Windows 7の使い勝手に戻った新しいWindowsは、1年間限定ではあるものの、Windows 7/8.1からは無償アップグレードできるという、これまでにない提供方法となっています。

さて、無償アップグレードはユーザーにとって嬉しいことですが、新しいWindows 10パソコンを導入して、元のパソコンからお引越しするという観点からは、初心者には面倒になったのかなという思いが強いです。最大の理由は、これまでお引越し用として標準装備されていた「Windows転送ツール」がなくなったことです。

ツールがなくなったため、お引越しにはファイルを手作業でコピーする必要があります。どこにどんなデータが入っているかをちゃんと理解していれば、けっして難しい作業ではありません。しかし、スマホやタブレットからITデバイスに触れ始めるユーザーが増えた近頃では、フォルダーの構造を知らないことも多く、ただのデータのコピーであっても難しいと感じるユーザーも多いのではないかと思います。

幸いなことに、無償アップグレードの対象であるWindows 7/8.1からは、ほとんど使っていた状態のままで新しいWindows10環境に移行できます。しかも、インストール用のDVDやUSBメモリーを作成するためのツールをMicrosoftが配布しているので、いざというときの再インストールも問題なく行えます。また、アップグレード後も、1ヶ月以内であれば、前のWindowsに戻すこともできます。お気軽に新しいWindowsを試せる環境が整っているので、ぜひアップグレードしてみてください。

XP/Vistaパソコンを使っていたユーザーは、新しく買い換える人も多いことでしょう。最新のパソコンは処理能力もさることながら、消費電力や画面の美しさなど、大きく進化しています。Windows 8.1は使いにくいとの評判もあったので、Windows 10のリリースを待っていたユーザーも多いのではないかと思います。

新しくWindows 10パソコンを購入した場合は、前のパソコンからは手作業でのお引越し作業が必要になります。本書ではデータのコピーに加えて、電子メールやインターネット（Webブラウザー）の手作業による引越し方法の説明を掲載しています。

「パソコンに詳しくないユーザーが、確実でかつ簡単に、古いパソコンからWindows 10にデータや作業環境を引っ越しできるか」これが本書のテーマです。一般的なパソコンユーザーが簡単にデータを引っ越しするためには、何を用意して、どのような手順でどう操作したらいいのかを説明しています。

本書が、Windows 10パソコンへの「お引越し」の手助けになれれば幸いです。

謝辞
本書を執筆するのにあたり、多くの方のご助言をいただきました。
また、本書を活用していただける読者の方に、この場を借りてお礼と感謝の意を表したいと思います。

2015年　夏
井村克也

CONTENTS

はじめに	3
CONTENTS	4
本書の使い方	5
「Windows 10パソコン」お引越し早見表	6
INDEX	158

Part 1 パソコンをお引越しする準備 7

Section 1-1	Windows 10へのお引越しのケース	8
Section 1-2	新規にWindows 10パソコンを購入した場合	10
Section 1-3	Windows 10にアップグレードする	13
Section 1-4	メディアクリエイションツールを使う	30

Part 2 Windows 10にお引越し 35

Section 2-1	お引越し作業の前準備	36
Section 2-2	XPからWindows 10へのお引越し	45
Section 2-3	Vista/7/8/8.1からWindows 10へのお引越し	51
Section 2-4	XP/VistaパソコンにWindows 10を新規インストールした場合	56

Part 3 お引越し後およびアップグレード後の作業 61

Section 3-1	アプリのインストール	62
Section 3-2	Windows Essentialsのダウンロードとインストール	67
Section 3-3	日本語辞書（IMEの辞書）ファイルのお引越し	71

Part 4 メール関連の手作業でのお引越し 75

Section 4-1	Outlook ExpressからWindows Liveメールへ	76
Section 4-2	Windows メールからWindows Liveメールへ	87
Section 4-3	Windows LiveメールからWindows Liveメールへ	100
Section 4-4	Outlook同士のデータのお引越し	112
Section 4-5	Windows 10のOutlookに乗り換える	120
Section 4-6	Windows 10でプロバイダのメールを受信する	133

Part 5 Webブラウザー関連の手作業でのお引越し 139

Section 5-1	Internet Explorerの「お気に入り」「Cookie」のお引越し	140
Section 5-2	FirefoxやGoogle Chromeのお引越し	150
Section 5-3	EdgeにInternet Explorerの「お気に入り」を取り込む	157

本書の使い方

本書は、Windows XP SP3、Windows Vista SP2、Windows 7 SP1、Windows 8、Windows 8.1からWindows 10に移行する環境に基づいて記載されています。バージョンやシステム環境、ハードウェア環境によっては、本書のとおりに動作および操作できない場合がありますので、あらかじめご了承ください。

- 本書中で使用している「Windows 10パソコン」はWindows 10を搭載しているパソコンを指します。
「XPパソコン」はWindows XPを搭載しているパソコン、「Vistaパソコン」はWindows Vistaを搭載しているパソコン、「Windows 7パソコン」はWindows 7を搭載しているパソコン、「Windows 8パソコン」はWindows 8を搭載しているパソコン、「Windows 8.1パソコン」はWindows 8.1を搭載しているパソコンを指します。
「XP/Vista/7/8/8.1パソコン」はWindows XP、Windows Vista、Windows 7、Windows 8あるいはWindows 8.1のいずれかを搭載しているパソコンを指します。

- 本書の内容は、2015年8月時点の情報に基づいて執筆されています。掲載したURLやサービス内容などは、予告なく変更される可能性があります。

- 本書中の社名、製品・サービス名などは、一般に各社の商標または登録商標です。

- 本書の操作および内容によって生じた損害、および本書の内容に基づく操作の結果生じた損害につきましては、筆者および株式会社ソーテック社は一切責任を負いませんので、あらかじめご了承ください。個人の責任の範囲内にて実行してください。

- 本書の制作にあたり、正確な記述に努めていますが、内容に誤りや不正確な記述がある場合も、筆者および当社は一切責任を負いません。

「Windows 10パソコン」お引越し早見表

現在のパソコンからWindows 10パソコンへの移行またはアップグレードの概要です。

Windows 10

Part 1

パソコンを お引越しする準備

新しいパソコンへのデータのお引越しは、初心者には思った以上に大変な作業です。しかし、基礎的な知識を持って行えばスムーズにお引越しできます。ここでは、基本的な手順を押さえておきましょう。

Part 1 パソコンをお引越しする準備

Section 1-1 Windows 10へのお引越しのケース

Windowsが新しくなり、Windows 10になりました。Windows 10が出るまで、古いパソコンを使い続けていた読者も多いことでしょう。Windows 7/8.1からは、1年間に限り無償でアップグレードできます。ほぼ、そのままの状態で、Windows 10に移行できます。

お引越しの2つのケース

　Windows 10の導入には2つのケースがあり、ケースによってお引越しの方法も変わります。はじめに、どのケースにあたるかを確認しておきましょう。

▶ 新しくWindows 10パソコンを購入（お引越しが必要）

　新しくWindows 10パソコンを購入したケースです。古いXP/Vista/7/8/8.1パソコンから、新しいWindows 10パソコンへのお引越しが必要となります。

　Windows 10へのお引越しの作業には、外付けハードディスクを使ってデータを渡します。

　この **Section 1-1** に続けて、**Section 1-2** と読み進めてください。

XP/Vista/7/8/8.1　　お引越し　　Windows 10

▶ 現在のパソコンをWindows 10にアップグレード（お引越しは不要）

　現在のパソコンをWindows 10にアップグレードするケースです。

　Windows 10 へのアップグレードは、Windows 7 Service Pack 1 または Windows 8.1から可能です。2015年7月29日から1年間は無料でアップグレードできます。XPやVistaからのアップグレードはできません。

　また、Windows 8は、一度Windows 8.1にアップグレードしてから、Windows 10へのアップグレードとなります。

※Windows 7 Enterprise、Windows 8/8.1 Enterprise、Windows RT/RT 8.1の各エディションは無償アップグレードの対象外です。

　アップグレードは、現在使用しているWindows 7/8.1のアプリの環境をほぼそのままの状態でWindows 10に移行できるので、お引越し作業は必要ありません。**Section 1-3** に進んでください。

8

Windows 10へのお引越しのケース **Section 1-1**

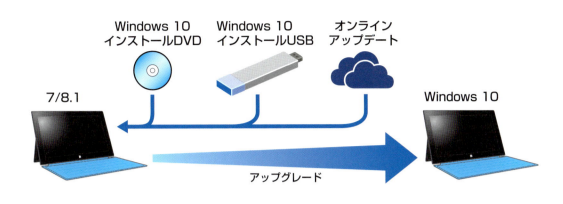

Point アップグレードの注意点

Windows 10へのアップグレードで注意が必要なのは、使用しているパソコンがWindows 10が動作するだけの能力（システム要件）を持っているかです。
マイクロソフト社が公開しているWindows 10の動作に必要なシステム要件は、以下のようになります。

- CPU：1GHz以上
- メモリ：1GB以上（32ビット版）／2GB以上（64ビット版）
- ハードディスク：16GB以上（32ビット版）／20GB以上（64ビット版）
- ビデオボード：DirectX 9 グラフィックスデバイス
- WDDM 1.0またはそれ以上のドライバー付きビデオアダプタ（ビデオボード）
- ディスプレイ（画面解像度）：800 × 600

ZOOM メーカーのWebサイトで確認しよう

現在のパソコンからWindows 10にアップグレードする場合には、使用しているパソコンメーカーのWebサイトでWindows 10の情報を確認しましょう。
Windows 10の対応状況や、アップグレードに関する注意などのメーカーパソコン独自の情報を入手できます。

Point Windows 10 互換性情報 & 早わかり簡単操作ガイド

MicrosoftもWebで「Windows 10 互換性情報 & 早わかり簡単操作ガイド」を公開しています。パソコンメーカー以外に、アプリや周辺機器メーカーへのリンクが設定されているので効率的に情報収集できます。
「windows10　互換性情報」で検索するとよいでしょう。

http://www.microsoft.com/ja-jp/atlife/campaign/windows10/compat/

Part 1 パソコンをお引越しする準備

Section 1-2 新規にWindows 10パソコンを購入した場合

新しくWindows 10パソコンを購入した場合、前のパソコンからは、手作業でデータをコピーしたり、メールやWebの設定を移行する必要があります。

新規Windows 10パソコンへのお引越しの方法

新しいWindows 10へのお引越しは、手作業でデータをコピーしたり、メールやWebブラウザの設定を移行する必要があります。

▶ Windows XP/Vista/7/8/8.1からお引越し

Windows 10では、Windows 8.1 まで標準装備されていた「Windows転送ツール」がなくなりました。そのため、Windows 10へのお引越しは、手作業となります。

具体的には、データのコピー（**Part 2**を参照）、Windows Essentialsのインストール（**Part 3**を参照）、メールのお引越し（**Part 4**を参照）、Web環境のお引越し（**Part 5**を参照）になります。データを移動するための外付けハードディスクが必要です。

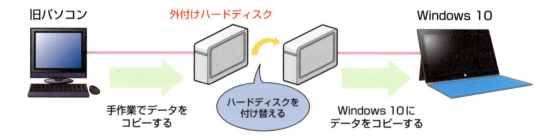

Point　ARM版のSurface RTも同様

ARM版のSurface RTもパソコンのWindows 8/8.1と同様にコピーして、Windows 10にお引越しできます。

Point　古い環境をしばらくは残しておく

新しいOSやパソコンに移行した時には、思わぬトラブルに遭遇するものです。お引越しが完全に完了するまでは、元のパソコンの内容を消去したり、他人に譲渡しないようにしましょう。前のパソコンをそのままの状態で残しておくことをお勧めします。

新規にWindows 10パソコンを購入した場合 **Section 1-2**

お引越しできないもの、必要ないもの

パソコンに保存した写真や、作成したデータなどはお引越しできますが、ソフトウェアはお引越しできません。お引越しできないもの、お引越しの必要ないものを見ておきましょう。

▶ アプリケーション

◆Windows標準のアプリ

今までのWindowsに標準で付いているアプリの多くは、Windows 10にも付いています。インターネットを閲覧するためのInternet Explorerや音楽を再生するWindows Media Playerなどです。これらのアプリは、新しいWindows 10パソコンにも入っているので、移行する必要はありません。

> **Point アップグレードの注意点**
>
> 以下のアプリは、Windows 10に入っていません。
> Windows Essentials(67ページ参照)としてインターネットからダウンロードする必要があります。
>
> - POP対応のデスクトップメールアプリ(Outlook ExpressやWindowsメールなど、プロバイダのメールに対応したメールアプリ)
> - Windowsムービーメーカー
> - Windowsフォトギャラリーディスプレイ

◆Windows標準以外のアプリ

Windows標準以外で、XP/Vista/7/8/8.1パソコンにインストールされていたアプリは、Windows 10パソコンに再度インストールする必要があります。

なお、一般的な市販のアプリは、通常1つのパッケージで1台のパソコンにインストールするライセンスがあるだけなので、Windows 10パソコンにインストールするアプリは、XP/Vista/7/8/8.1パソコンからアンインストールする必要があります。

◆Word ／ Excel ／ Outlook(Microsoft Office) には注意

多くのパソコンには、Word、Excel、Outlook(以上の3つを合わせて「Office Personal」) が買ったときからインストールされています。これを「プレインストール」といいます。

最初から入っているので、Windowsに標準で入っていると思われがちですが、Microsoft Officeは、Windows標準のアプリではありません。別売の単体アプリですが、ユーザーが多いためにプレインストールされているだけです。

Microsoft Officeのようにプレインストールされているアプリは、パソコン本体の一部とみなされるため、他のパソコンにインストールして使用することはできません。

そのため、新しく購入するWindows 10パソコンでWordやExcelを使いたいのであれば、Word・ExcelのプレインストールされているWindows 10パソコンを購入するか、別途パッケージ版のWord・

11

Part 1 パソコンをお引越しする準備

Excelを購入して、インストールする必要があります。

同様に、XP/Vista/7/8/8.1パソコンにプレインストールされていたアプリも、XP/Vista/7/8/8.1パソコンでの使用が認められているだけで、新しいパソコンにインストールすることはできません。

> **Point　最新のMicrosoft Officeはバージョン2013**
>
> 市販されているパソコン（2015年8月現在）にプレインストールされているMicrosoft Officeは、Microsoft Office 2013です。なお、Microsoft Office 2013は、XPパソコンのときに主流だったMicrosoft Office 2003とデータの互換性はありますが、画面や使い勝手が異なります。

◆メーカー独自のアプリ

メーカー製パソコンでは、メーカーが独自にアプリを入れている機種も多いです。これらのアプリは、そのメーカーのパソコンだけで動作するようになっていることが多いようです。他メーカーのパソコンで使用できるか、Windows 10に移行しても使用できるかなどは、メーカーに問い合わせるか、Webページなどを参照してください。

◆Windowsストアから入手したアプリ

Windowsストアから購入したアプリは、同じマイクロソフトアカウントを使えば、新しいパソコンでもダウンロードして利用できます。

◆ダウンロードしたアプリ

インターネットからダウンロードしたアプリは、フリーのものであれば、Windows 10にも再インストールして利用できます。

有償のシェアウェアの場合は、基本的に1つのパソコンに1つのライセンスが必要になります。詳細は、アプリのヘルプや作者のホームページ等で確認してください。

▶ プリンタやスキャナなど周辺機器のドライバソフト

プリンタやスキャナなどの周辺機器は、Windows 10で使用するためのドライバが必要になります。Windows 10に対応ドライバがある場合はそのまま利用できますが、ない場合にはWindows 10用ドライバを製品発売元のメーカー等のWebサイトなどから入手してインストールする必要があります。

▶ 無線LANの設定

無線LANを使用している場合、親機（無線ルーター、またはアクセスポイント）とパソコンの接続設定（パスワードなど）は、Windows 10パソコンで再度設定する必要があります。

詳細は、使用している無線LAN機器のメーカーのWebサイト等で確認してください。

Windows 10にアップグレードする **Section 1-3**

Windows 10にアップグレードする

現在使用しているパソコンがWindows 7（SP1を適用）、またはWindows 8.1であれば、無償でWindows 10にアップグレードできます。Windows 8からは直接アップグレードできないので、Windows 8.1にアップグレードしてからWindows 10にアップグレードしてください。

XPまたはVistaからはアップグレードできない

　Windows 10へのアップグレードは、Windows 7 Service Pack 1またはWindows 8.1から可能です。XPやVistaからはアップグレードできないので、新規インストールするか、Windows 7や8.1にアップグレードしてからWindows 10へのアップグレードとなります。

　また、Windows 8は、一度Windows 8.1にアップグレードしてからWindows 10へのアップグレードとなります。

移行元OS	アップグレードの可否
Windows XP	アップグレード不可
Windows Vista	アップグレード不可
Windows 7	○
Windows 8.1	○

▶ Windowsのエディションとアップグレード

　元のWindowsのエディションによって、無償でアップデートできるエディションが決まります。

Windows 7からのアップグレード

アップグレード前	アップグレード後
Windows 7 Starter	Windows 10 Home
Windows 7 Home Basic	Windows 10 Home
Windows 7 Home Premium	Windows 10 Home
Windows 7 Professional	Windows 10 Pro
Windows 7 Ultimate	Windows 10 Pro

Windows 8.1からのアップグレード

アップグレード前	アップグレード後
Windows 8.1	Windows 10 Home
Windows 8.1 Pro	Windows 10 Pro

Point　アップグレードは同じアーキテクチャに
32bit版は32bit版へ、64bit版は64bit版へのアップグレードとなります。

Part 1　パソコンをお引越しする準備

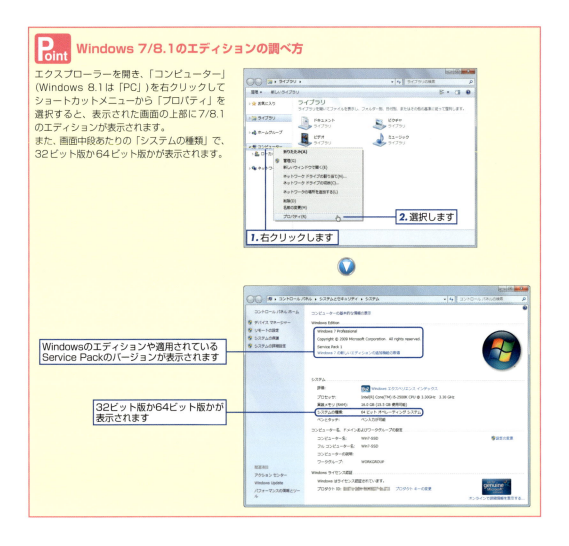

▶ 1年間は無償アップグレード

　Windows 7/8.1からWindows 10へのアップグレードは、2015年7月29日から1年間は無料です。アップグレードは、オンラインで行われます。

▶ DVDやUSBメモリーによるアップグレード

　Windows 10へのアップグレードは、「メディアクリエイションツール」（**Section 1-4**参照）を使って作成したDVDやUSBメモリーを利用することもできます。またDSP版のパッケージでも可能です。

　ただし、DSP版はエディションごとに32ビット版、64ビット版が別製品となるので、購入時には注意してください。

	アップグレード	新規インストール	32ビット／64ビット版メディア	サポート
DSP版	可	可	個別	無

Windows 10にアップグレードする **Section 1-3**

DSP版とは？

DSPは「Delivery Service Partner」の略称で、販売代理店という意味です。WindowsのDSP版とは、自作パソコン向けにパソコン部品と一緒に販売されていたWindowsで、OEM版の一種です。
Windows 8.1のDSP版は単体で販売されましたが、Windows 10からはパソコン部品と一緒の購入（バンドル）となりました。Windowsだけが欲しくても、パーツと一緒に購入する必要があります。

32ビット版と64ビット版

Windowsには、同じエディションであっても、32ビット版と64ビット版の2種類が存在します。たとえば、Windows 7 Home Premiumには、32ビット版、64ビット版の2種類があります。
この2つの画面や操作方法はまったく同じですが、内部的な処理方法が異なります。
現在のパソコンが32ビット版の場合、Windows 10へのアップグレードも32ビット版となります。32ビット版のWindowsから64ビット版Windows 10へのアップグレードはできません。32ビット版から64ビット版のアップグレードは、Windows 10のインストールDVDから起動しての新規インストールとなります。

パッケージ版の販売について

原稿執筆時点の情報では、日本国内でのWindows 10のパッケージ版は、2015年9月以降、USBメモリーで提供・販売されるようです。
また、後述する「メディアクリエイションツール」を使えば、自分でDVDやUSBメモリーのインストーラーを作成できるので、作成しておくとよいでしょう。

アップグレードの3つの方法

Windows 10へアップグレードする方法は、次の3つの方法があります。

▶「Windows 10を入手する」アプリを使う

「Windows 10を入手する」アプリでWindows 10のダウンロードを予約すると、自動でダウンロードされアップグレードできます。Windowsのエディションやアーキテクチャ（32bit/ 64bit）を気にする必要もなくバージョンアップできるのがメリットです。
　お使いのパソコンがWindows 10に対応しているかも検証できるので、初心者に最適な方法です。

▶「メディアクリエイションツール」でダウンロードしてアップグレードする

「メディアクリエイションツール」（**Section 1-4**参照）を使い、Windows 10をダウンロードしてアップグレードする方法です。すぐにアップグレードしたいユーザー向けの方法です。

▶ Windows 10のインストールメディアからアップグレードする

「メディアクリエイションツール」を使い、Windows 10のインストールメディアを作成してアップグレードする方法です。インストールメディアを作成するために、DVD-Rまたは4GB以上のUSBメモリーが

Part 1　パソコンをお引越しする準備

必要となります。インストールメディアは、アップグレード後にWindows 10を再インストールする際にも利用できるので、インストールメディアを手元に置いておきたい方にはおすすめの方法です。

■「Windows 10を入手する」アプリを使う

Windows Updateを行っていると、画面右下に「Windows 10を入手する」アプリのアイコンが表示されます。画面はWindows 7ですが、Windows 8.1でも同様です。

●「Windows 10を入手する」アプリのアイコン

> **Point 「Windows 10を入手する」アプリについて**
> 「Windows 10を入手する」アプリの内容は、2015年8月上旬の情報に基づいて執筆されています。掲載した画面やサービス内容などは、予告なく変更される可能性があります。

▶ Windows 10を予約する

「Windows 10を入手する」アプリのアイコンをクリックするとアプリが起動し、Windows 10のアップグレード手順などが表示されます。

このアプリで「無償アップグレードの予約」をクリックすると、Windows 10のアップグレードを予約できます。予約すると、順番にWindows 10がダウンロードされ、アップグレードできる状態になります。

●「Windows 10を入手する」アプリの画面

クリックすると予約できます

なお、「無償アップグレードの予約」をクリックすると、「アップグレードが予約されています」の画面で確認用のメールアドレスの入力となります。メールアドレスを入力して「確認の送信」ボタンをクリックすると、予約の確認メールが指定したアドレスに送信されます。

●この画面は無視してもかまわない

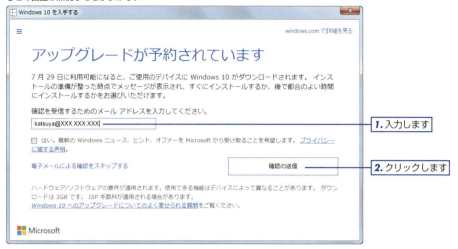

1. 入力します
2. クリックします

Point PCのチェック

「Windows 10を入手する」アプリの左上のアイコンをクリックして「PCのチェック」を選択すると、ご利用のPCをWindows 10にアップグレードして大丈夫かをチェックできます。
なお、パソコンの使用環境によっては、この機能が使えない場合もあります。

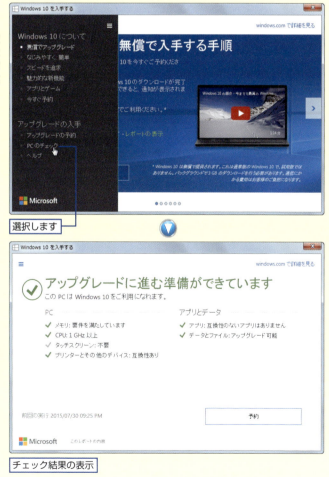

選択します

チェック結果の表示

Part 1　パソコンをお引越しする準備

▶ Windows 10のアップグレード

　Windows 10がダウンロードされてアップグレードできる状態になると、「Windows 10を入手する」アプリから通知が表示されます。

●アップグレードできる状態を表示する通知

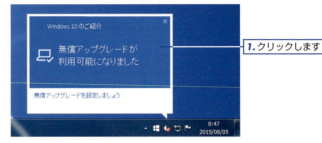

1.クリックします

1 「Windows 10を入手する」アプリから通知が表示されるので、通知をクリックします。

Point 通知が表示されない場合の確認

通知を見過ごしてしまう場合もあります。予約したら「Windows 10を入手する」アプリを起動してみてください。手順2のように表示されたら、アップグレードできます。

2 「Windowsを入手する」アプリの画面がアップグレード可能の表示に変わります。「続行」ボタンをクリックします。

2.クリックします

Point 必ず他のアプリを終了する

アップグレードの操作を開始すると、最後にWindowsの再起動となります。「続行」ボタンをクリックする前に、使用しているアプリは、必要なデータを保存した後に終了してください。

Point 万が一に備えて、バックアップを取っておこう

アップグレードにあたって、万が一のアップグレード時のトラブルに備えて、重要なデータは外付けハードディスクなどにコピーしておきましょう。

3 「それでは、アップグレードを開始します」の画面が表示されたら、「同意する」ボタンをクリックします。

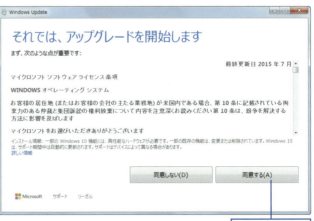

3.クリックします

Point 「それでは、アップグレードを開始します」の画面が表示されない場合

「問題が発生しました」と表示されたり、「それでは、アップグレードを開始します」の画面が表示されない場合は、「Windows Update」でインストールしてください（20ページ参照）。

Windows 10にアップグレードする **Section 1-3**

4 この画面がアップグレード前の最後の画面です。
作業中のアプリの保存と終了、データのバックアップなどを確認し、アップグレードしてもよいならば「今すぐアップグレードを開始」ボタンをクリックします。
夜間等の時刻を指定してアップグレードを行うには、「アップグレードをスケジュール」ボタンをクリックします。

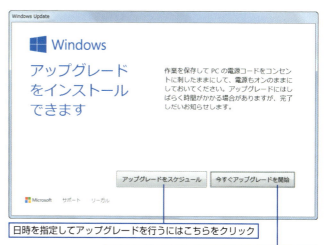

日時を指定してアップグレードを行うにはこちらをクリック

いますぐアップグレードするにはこちらをクリック

Point 「アップグレードをスケジュール」をクリックした場合

「アップグレードをスケジュール」画面でアップグレードする日時を指定して、「時間を確認して閉じる」ボタンをクリックします。

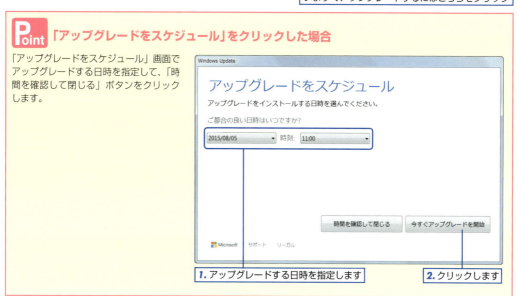

1. アップグレードする日時を指定します
2. クリックします

---

5 パソコンが再起動して、アップグレード処理が始まります。後は、画面に従って操作してください。

19

Part 1　パソコンをお引越しする準備

▶ Windows Updateからアップグレード

「Windows 10を入手する」アプリからうまくアップグレードできない場合、「Windows Update」の画面からアップグレードも試してみてください。

1「Windows 10を入手する」のアイコンを右クリックして、「Windows Updateにアクセスする」をクリックします。

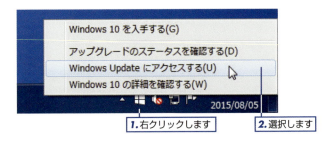

2 この画面が表示されていれば、アップグレードを開始できます。
「はじめに」ボタンをクリックするとWindows 10のダウンロードが始まり、インストールの準備が始まります。

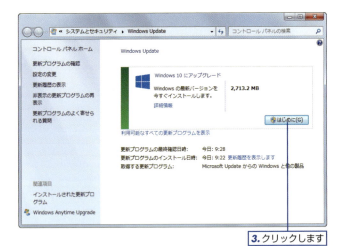

3 Windows 10がダウンロードされると、この画面が表示されます。
「今すぐ再起動」ボタンをクリックすると、アップグレードが開始されます。

20

「メディアクリエイションツール」でダウンロードしてアップグレードする

「メディアクリエイションツール」を使うと明示的にWindows 10をダウンロードしてアップグレードできます。すぐにWindows 10にアップグレードしたいユーザーにお勧めです。

メディアクリエイションツールは、**Section 1-4**を参照してダウンロードしてください。

画面はWindows 8.1ですが、Windows 7でも同様です。

1 ダウンロードしたメディアクリエイションツールを起動します。

1. ダブルクリックします

> **Point 万が一に備えて、バックアップを取っておこう**
> アップグレードにあたって、万が一のアップグレード時のトラブルに備えて、重要なデータは外付けハードディスクなどにコピーしておきましょう。

2 「このPCを今すぐアップグレードする」を選択し、「次へ」をクリックします。

2. クリックします
3. クリックします

3 Windows 10のダウンロードが始まります。ダウンロード完了までは多少時間がかかります。

Part 1 パソコンをお引越しする準備

4 ライセンス条項を読み、「同意する」ボタンをクリックします。

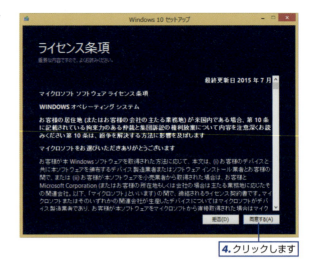

4.クリックします

5 更新プログラムのダウンロードが始まります。ダウンロード完了までは多少時間がかかります。

6 この画面が表示されたら、「インストール」ボタンをクリックします。「引き継ぐものを変更」をクリックすると、アップグレードで引き継ぐ内容を選択できます。
通常は変更しないで、「インストール」ボタンをクリックします。

5.クリックします

7 この後は、画面の指示に従ってインストールを続けてください。

Windows 10のインストールメディアからアップグレードする

　Windows 10のインストールメディア（DVD/USBメモリー）からのアップグレードは、Windows 7/8.1が起動した状態で、インストーラーを起動します。

　インストールメディアは、メディアクリエイションツールを使って作成できます。

　自分のパソコンのWindowsのエディションと、アーキテクチャ（32bit/64bit）を確認し、適切なインストールメディアを作成してアップグレードしてください。

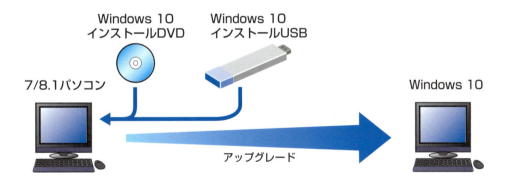

> **Point 万が一に備えて、バックアップを取っておこう**
>
> アップグレードにあたって、万が一のアップグレード時のトラブルに備えて、重要なデータは外付けハードディスクなどにコピーしておきましょう。

Part 1　パソコンをお引越しする準備

▶ **インストーラーを使ったアップグレードの手順**

　ここでは、メディアクリエイションツールを使って作成したWindows 10のインストーラーからのアップグレード手順について説明します。画面はWindows 8.1ですが、Windows 7でも同様です。
　Windows 10のインストーラーの作成については、30ページを参照してください。

1 Windows 10のインストールDVDをパソコンにセットして、「setup.exe」をダブルクリックします。ユーザーアカウント制御の画面が表示されたら、「続行」ボタンをクリックします。

2 Windows 10のインストーラーが起動します。

3 「更新プログラムをダウンロードしてインストールする（推奨）」をチェックし、「次へ」ボタンをクリックします。

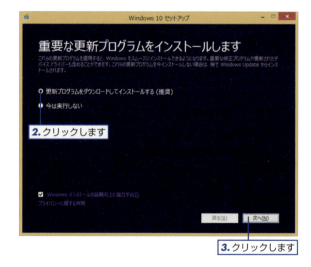

24

Windows 10にアップグレードする **Section 1-3**

4 ライセンス条項を読み、「同意する」ボタンをクリックします。
この後、更新プログラムがダウンロードされ、次画面までに数分かかります。

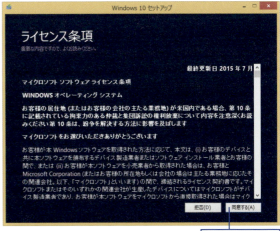

4. クリックします

5 この画面が表示されたら、「インストール」ボタンをクリックします。
「引き継ぐものを変更」をクリックすると、アップグレードで引き継ぐ内容を選択できます。
通常は変更せずに、「インストール」ボタンをクリックします。

5. クリックします

6 この後は、画面の指示に従ってインストールを続けてください。

25

Part 1　パソコンをお引越しする準備

アップグレードを取り消して元のWindowsに戻す

　Windows 10にアップグレードしてから1ヶ月以内であれば、アップグレード前の元のWindowsに戻すことができます。使えないアプリケーションや周辺機器があった場合は、元に戻しましょう。

1 スタートメニューから「設定」を選択します。

2 「更新とセキュリティ」をクリックします。

Windows 10にアップグレードする **Section 1-3**

3 左側のリストから「回復」を選択し、「Windows 8.1に戻す」（または「Windows 7に戻す」）の「開始する」ボタンをクリックします。

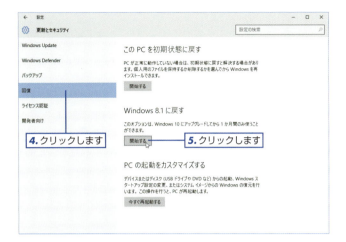

4.クリックします　　5.クリックします

4 元に戻す理由を選択して、「次へ」ボタンをクリックします。

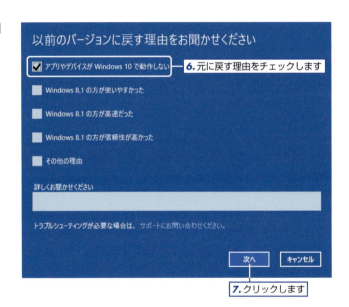

6.元に戻す理由をチェックします

7.クリックします

5 元に戻す際の注意書きが表示されます。元に戻して問題ないなら、「次へ」ボタンをクリックします。

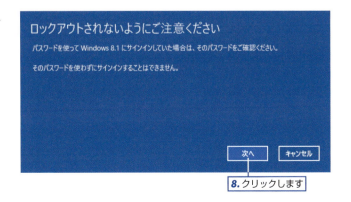

8.クリックします

27

Part 1　パソコンをお引越しする準備

6 元のWindowsでパスワードが設定されている場合、そのパスワードがないとサインインできません。パスワードがわかっている場合は、「次へ」ボタンをクリックします。

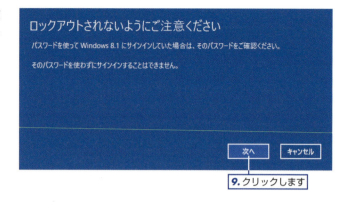

7 「Windows 8.1に戻す」(または「Windows 7に戻す」)ボタンをクリックすると、元のWindowsに戻す処理が開始されます。

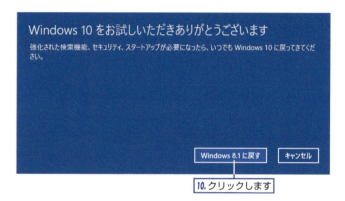

アップグレード後の再インストール

　Windows 10にアップグレードすると、自動でWindows 10用にライセンス認証されます。
　また、一度アップグレードしてライセンス認証されると、DVDやUSBメモリーのインストールメディアを利用して再インストールしたり、クリーンインストール（ハードディスクをフォーマットしてからの再インストール）をしても、Windows 10は自動でライセンス認証されます。

▶ アップグレードしたエディションのみ認証される

　メディアクリエイションツールを使うと、自分のWindowsと異なったエディションのインストールメディアも作成できますが、Windows 10でライセンス認証されるのは、アップグレードをした後のエディションのWindowsです。
　たとえば、Windows 7 Home PremiumからWindows 10 Homeにアップグレードした場合、Windows 10 Homeであれば再インストール後に自動でライセンス認証されますが、Windows 10 Proをインストールしてもライセンス認証されません。
　なお、32bit版をアップグレードした後、同じエディションの64bit版をクリーンインストールしてもライセンス認証されるようです。

Windows 10にアップグレードする **Section 1-3**

▶ 再インストール時のプロダクトキー

インストールメディアから起動してインストールすると、プロダクトキーを入力する画面が、2回表示されます。1回目の表示では「スキップ」をクリックしてください。

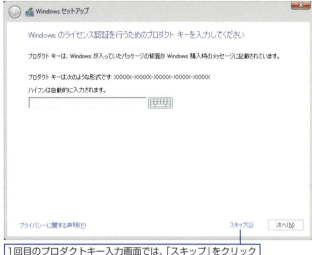

1回目のプロダクトキー入力画面では、「スキップ」をクリック

Windows 10の画面に進んでからの入力画面では、「後で」をクリックします。

2回目のプロダクトキー入力画面では、「後で」をクリック

プロダクトキーを入力していませんが、Windows 7/8.1からアップグレードしたパソコンに、アップグレード対象のWindows 10をインストールしたのであれば、自動でライセンス認証されます。

 アップグレードが必須

インストールメディアを使えば、アップグレードしなくてもWindows 10をインストールできますが、ライセンス認証されません。ライセンス認証されるのは、アップグレード後になります。

 USBメモリーで起動できないときは？

パソコンは、起動ディスクの順番をBIOSまたはEFIというプログラムで管理しています。USBメモリーで起動できない場合は、このプログラムの設定を変更する必要があります。設定方法については、お使いのパソコンの説明書やホームページを参照してください。

29

Part 1　パソコンをお引越しする準備

Section 1-4 メディアクリエイションツールを使う

Microsoftは、Windows 10をダウンロードしてインストールしたり、インストールメディアを作成するために便利な「メディアクリエイションツール」というツールを配布しています。ここでは、メディアクリエイションツールのダウンロードと、インストールメディアの作成方法について説明します。

メディアクリエイションツールのダウンロード

メディアクリエイションツールは、Windows 10をダウンロードしてインストールしたり、インストールDVDを作成するISOファイルの作成や、USBメモリーを使ったインストーラーを作成できる便利なツールです。

ブラウザーで以下のサイトにアクセスしてダウンロードしてください。
「windows10 ダウンロード」で検索するといいでしょう。

● http://www.microsoft.com/ja-jp/software-download/windows10

この画面の下部にメディアクリエーションツールのダウンロードボタンがあります。お使いのWindowsが32bit版の場合は上の「32ビットバージョン」、64bit版の場合は下の「64ビットバージョン」をクリックしてダウンロードしてください。

● メディアクリエーションツールのダウンロード画面

Windows 10のインストールメディアを作る

Windows 10へのアップグレードは、「Windows 10を入手する」アプリから行うことが推奨されています。これは、PCの要件を満たしているかや、32bit/64bitの選択の誤りを防ぐこともあります。しかし、従来のDVDのようにインストールメディアを持っていれば、いざというときの再インストールなどにも利用できます。

メディアクリエイションツールを使うと、DVDまたはUSBメモリーのインストーラーを作成できます。ここでは、USBメモリーのWindows 10インストーラーの作成方法をメインに説明します。

30

メディアクリエイションツールを使う **Section 1-4**

▶ 用意するもの

4GB以上の容量のあるUSBメモリーを用意してください。32bit/64bitの両方のインストーラーを作成するときは8GB以上の容量のあるUSBメモリーが必要です。

なお、インストーラーを作成すると、それまでに入っていたデータは消去されます。内容が消えてもよいUSBメモリーを用意してください。

●USB3.0用 USBメモリー『RUF3-K16GA-PK』
発売元：バッファロー（http://buffalo.jp/）

▶ インストーラーを作成する

1 USBメモリーをパソコンに装着します。

2 ダウンロードしたメディアクリエイションツールを起動します。

3 「他のPC用にインストールメディアを作る」を選択し、「次へ」ボタンをクリックします。

Part 1 パソコンをお引越しする準備

4 言語を選択します（通常は、「日本語」を選択します）。インストーラーを作成するWindows 10のエディションとアーキテクチャ（32bit/64bit）を選択し、「次へ」ボタンをクリックします。
アーキテクチャは「両方」も選択できます。容量が大きくなるので、DVDの場合はどちらか一方を選択してください。

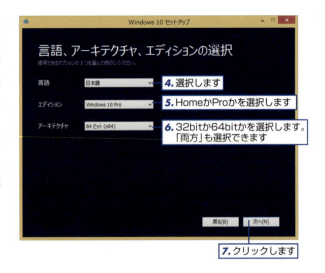

5 インストールメディアを選択します。USBメモリーのインストーラーを作成するには「USBフラッシュドライブ」、DVDインストーラー用を作成するには「ISOファイル」を選択し、「次へ」ボタンをクリックします。

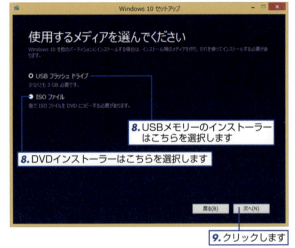

Point DVDインストーラーを作る

DVDのインストーラーを作成するには、「ISOファイル」を選択します。「次へ」ボタンをクリックすると、ISOファイルの保存場所の設定画面になるので、適切な場所に保存してください。ダウンロードが完了して「ISOファイルをDVDにコピーしてください」の画面が表示されたら、「DVD書き込み用ドライブを開く」をクリックします。

（次ページに続く）

「Windowsディスクイメージ書き込みツール」が表示されたら、DVD-Rを装着して「書き込み」ボタンをクリックします。

上記の手順を行わないで、「ISOファイルをDVDにコピーしてください」の画面を閉じてしまった場合、保存したISOファイルを右クリックして「ディスクイメージの書き込み」を選択すると、ISOファイルからDVDインストーラーを作成できます。
なお、サードパーティ製のDVDの書き込みツールがインストールされていると、「Windowsディスクイメージ書き込みツール」がが表示されないかもしれません。そのときは、インストールされているDVDの書き込みツールを使っても書き込んでください（「ツール」メニューの「ヘルプ」などで、ISOデータの書き込みを参照して操作してください）。

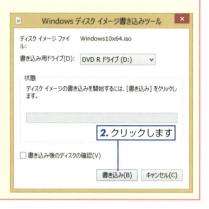

6 PCに装着したUSBメモリーを選択して、「次へ」ボタンをクリックします。
USBメモリーを装着してない場合には、装着後に「ドライブの一覧を更新する」をクリックします。

7 Windows 10のダウンロードが始まります。ダウンロード完了まで、インターネットの接続環境により、数分から数十分かかります。

Part 1　パソコンをお引越しする準備

8 ダウンロードを検証しています。
このステップはすぐに終わります。

9 USBメモリーにインストーラーを作成します。

10 「USBフラッシュドライブの準備ができました」と表示されたら完成です。「完了」ボタンをクリックします。

12. クリックします

Windows 10

Part 2

Windows 10に
お引越し

古いパソコンのデータをハードディスクにコピーして、WIndows 10の正しい場所にデータを移行しましょう。あわてずに、正確に作業していきましょう。

Part 2　Windows 10にお引越し

Section 2-1　お引越し作業の前準備

お引越しの手順がわかったら、準備に取りかかりましょう。現在使用しているパソコンのデータを整理して、不要なデータをWindows 10に移行しないようにしましょう。

データを整理しよう

　パソコンのお引越しをする前に元のパソコンに保存されているデータを整理しておきましょう。パソコンのハードディスクの中は、思った以上に煩雑になっているものです。お引越しを機に、内容の整理をしておきましょう。

▶ デスクトップの整理

　必要なデータが分散して保存されていると、データのコピー漏れが起こりやすくなります。デジカメの画像は「マイピクチャ」（Vista/7/8/8.1は「ピクチャ」）フォルダ、ワープロなどの書類は「マイドキュメント」フォルダ（Vista/7/8/8.1は「ドキュメント」）フォルダにデータを移動しておきましょう。
　特に、デスクトップに置かれているファイルは、移行時にコピーし忘れがちになります。また、アプリ起動のショートカットアイコンは、コピーしても使用できません。不要なショートカットアイコンは削除しておきましょう。

▶ 不要なデータは削除する

　最近のパソコンは、内蔵しているハードディスクの容量が大きいために、ついつい何でも保存してしまいがちです。整理のついでに、不要なデータやWindows 10に移行しなくてもいいデータを分けて、必要ないものは削除してしまいましょう。
　また、削除したデータは「ごみ箱」を空にしないと完全に削除されません。必ず「ごみ箱」を空にしましょう。

●「ごみ箱」アイコンを右クリックして、ショートカットメニューから「ごみ箱を空にする」を選択する

お引越しするデータの容量の見当を付けよう

　外付けハードディスクを使ってお引越しする場合、パソコンのデータを移行するといっても、移行するデータの容量がわからなければ、必要なハードウェアも決まりません。

36

お引越し作業の前準備 **Section 2-1**

基本的には、パソコン内蔵のハードディスクの容量以上にはならないので、パソコン内蔵のハードディスクが250GBなら、250GB以上のハードディスクを用意すればよいことになります。

しかし、実際にはハードディスクのすべてにデータが入っているわけではありません。そこで、実際に使用しているサイズを確認して、どの程度の容量の外付けハードディスクが必要かを確認しておきましょう。

▶ XPパソコンの場合

「マイコンピュータ」を開き、「C:」ドライブのアイコンを右クリックしてショートカットメニューから「プロパティ」を選択してください。

「プロパティ」ダイアログボックスが開き、使用領域がどの程度であるかが表示されます。このデータが入る容量の外付けハードディスクを用意すればOKです。

ドライブが複数ある場合は、すべてのドライブの使用領域を足したサイズが入ればOKです。

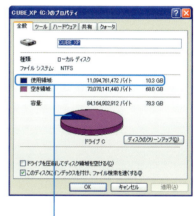

実際に使用されているサイズです。

▶ Vista/7/8/8.1パソコンの場合

Vista/7/8/8.1の場合は、「コンピューター」ウィンドウにディスク全体のサイズと空き領域のサイズが表示されるので、差し引いたサイズが使用領域のサイズとなります。

複数のドライブがある場合は、ドライブ全体の使用領域を足したサイズが入れば大丈夫です。

各ドライブのサイズと空き領域のサイズが表示されるので、引き算して使用領域を算出します

37

Part 2　Windows 10にお引越し

ディスクのクリーンアップ

　　パソコンのハードディスクの中には、アプリケーションのインストールやアップデートなどで、知らないうちに不要なデータが増えています。これらのデータを削除するためのツールが「ディスクのクリーンアップ」です。お引越し前に実行しておくとよいでしょう。

　　下図の画面はWindows XPですが、Vista/7/8/8.1でも同様に行えます。

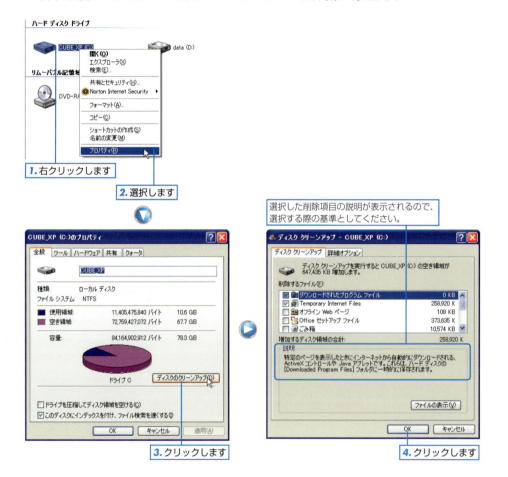

作業の流れ

　　古いパソコンのデータを、外付けハードディスクを使ってWindows 10にお引越しします。
　　ここでは、お引越しの作業の流れを把握しましょう。

お引越し作業の前準備 **Section 2-1**

▶ お引越しの操作の手順

1. 準備

- データの整理
- アプリケーションのライセンス認証の解除
- Windows Updateの無効化

2. 旧パソコンに外付けハードディスクを取り付ける

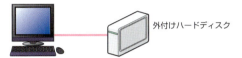

3. データを外付けハードディスクにコピーする

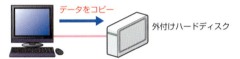

Windows 10の新規インストール（同じパソコンに移行する場合のみ）

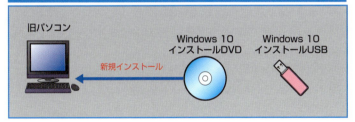

4. Windows 10パソコンに外付けハードディスクを取り付ける

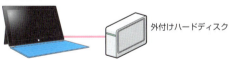

5. 外付けハードディスクのデータをコピーする

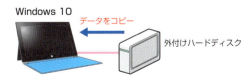

Part 2　Windows 10にお引越し

外付けハードディスクの準備

移行データの容量を把握して、バックアップに必要な容量のハードディスクを用意しましょう。

データの移行が終わっても、普段のデータのバックアップなどにも利用できるので、1台持っておくと大変便利です。

1TB以上のUSB接続の外付けハードディスクが、10,000円程度で購入できます。

●USB3.0対応外付けハードディスク『HD-GD1.0U3』
　発売元：バッファロー（http://buffalo.jp/）

 USBのバージョン

USBには、データの転送速度によってUSB3.0、USB2.0のようにバージョンがあります。現在の主流はUSB3.0で、接続ポートの形状も互換性があります。
最新のバージョンはUSB3.1で、USB3.0よりも高速ですが、パソコンも周辺機器もまだまだ普及していません。
購入するなら、USB3.0対応のものがよいでしょう。

 USB以外の接続方式

外付けハードディスクをパソコンに接続する規格（ケーブルの種類と考えてかまいません）は、いくつか存在します。もっともポピュラーなのが、USBケーブルを使うUSB接続です。
USB接続以外に、IEEE1394（FireWireまたはiLinkともいいます）接続、eSATA接続があります。これらの接続方式の大きな違いは転送速度です。仕様上の最高速度はUSB3.1がもっとも速く、次いでUSB3.0、eSATA、USB2.0、IEEE1394となります。ただし、USBポートは必ずパソコンに付いていますが、eSATAやIEEE1394の接続ポートはない場合もあります。もっとも汎用的なUSB接続のハードディスクを使うと安心です。

 USBメモリーは？

Windows 10に移行するデータ量が少なければ、大容量のUSBメモリーをハードディスクの代わりに使用できます。
XP/Vista/7パソコンにデジカメ画像などを保存している場合は、通常はUSBメモリーに収まりません。
外付けハードディスクは、データの転送以外にデータのバックアップなどにも使用できるので、できるだけ大容量の外付けハードディスクを使用してください。

アプリケーションを終了する

WordやExcel、Internet Explorerなど、他のアプリケーションはすべて終了してください。

Windows Updateを無効にする

データの移行途中でWindowsの自動アップデートが動作すると、自動で再起動してしまってコピーが中断してしまう可能性があります。「コントロールパネル」の設定で、自動更新を無効にしてください。

なお、コピーが正常に終了したら、忘れずに設定を元に戻してください。

▶ Windows XPの場合

1「スタート」メニューから「コントロールパネル」を選択して、「セキュリティセンター」をクリックします。

2「自動更新」をクリックします。

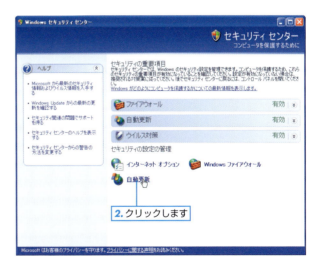

Part 2　Windows 10にお引越し

❸「自動更新を無効にする」を選択して、「OK」ボタンをクリックします。

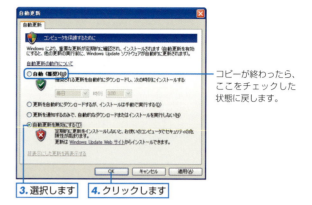

コピーが終わったら、ここをチェックした状態に戻します。

3. 選択します　4. クリックします

▶ Windows Vistaの場合

❶「スタート」メニューから「コントロールパネル」を選択して、コントロールパネルを開きます。
「セキュリティ」をクリックします。

1. クリックします

❷「自動更新の有効化または無効化」をクリックします。

2. クリックします

42

お引越し作業の前準備 **Section 2-1**

3「重要な更新プログラム」のリストから「更新プログラムを確認しない（推奨されません）」を選択して、「OK」ボタンをクリックします。

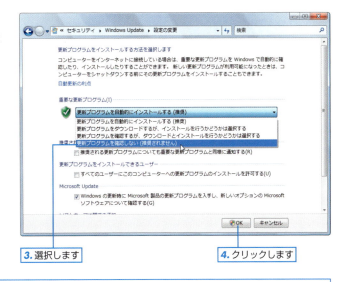

3.選択します　　　4.クリックします

▶ Windows 7/8/8.1の場合

1「スタート」メニューから「コントロールパネル」を選択して、コントロールパネルを開きます。
「システムとセキュリティ」をクリックします。

 **Windows 8/8.1では**
画面の左下を右クリックして、メニューから「コントロールパネル」を選択してコントロールパネルを開きます。

2「自動更新の有効化または無効化」をクリックします。

43

Part 2　Windows 10にお引越し

3 「重要な更新プログラム」のリストから「更新プログラムを確認しない（推奨されません）」を選択し、「OK」ボタンをクリックします。

▶ 自動更新の有効化

　データのコピーが終了したら、同じ手順で「Windows Update」を有効にしてください。XPの場合は「自動（推奨）」、Vista/7/8/8.1の場合は「更新プログラムを自動的にインストールする（推奨）」に戻すことをお勧めします。

Section 2-2 XPからWindows 10へのお引越し

XPパソコンから新しいWindows 10パソコンにお引越しするには、データを手作業で新しいパソコンにコピーする必要があります。ここでは、外付けハードディスクにXPパソコンのデータをコピーし、外付けハードディスクを新パソコンに付け替えて新しいパソコンにコピーする方法を説明します。

Windows XPのデータをハードディスクにコピーする

XPのデータを外付けハードディスクにコピーしましょう。
新しいパソコンへのデータ移行だけでなく、トラブル時にバックアップとしても利用できます。

■1 外付けハードディスクをXPパソコンに接続します。

■2 「スタート」メニューから「マイコンピュータ」を選択します。「マイコンピュータ」ウィンドウの「ハードディスクドライブ」に、接続した外付けハードディスクが表示されていることを確認して、外付けハードディスクをダブルクリックして開きます。
なお、外付けハードディスクの名称は、使用するハードディスクごとに異なります。

■3 データをコピーする新しいフォルダーを作成します。作成したら、いつのデータをコピーしたかがわかるように日付を入れた名称を付けておきましょう。

Part 2　Windows 10にお引越し

4 作成したフォルダーの中に新しいフォルダーを作成し、名称を「マイドキュメント」にします。このフォルダーに、パソコンのマイドキュメントのデータをコピーします。

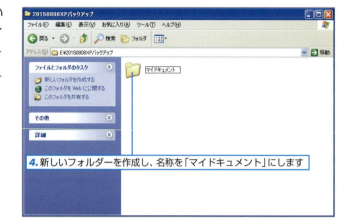

4.新しいフォルダーを作成し、名称を「マイドキュメント」にします

5 「スタート」メニューから「マイドキュメント」を選択します。

5.選択します

6 「マイドキュメント」ウィンドウが表示されたら、「編集」メニューの「すべて選択」（ Ctrl ＋ A キー）を選択して、すべてを選択します。

6.選択します

46

XPからWindows 10へのお引越し **Section 2-2**

7 「マイドキュメント」ウィンドウの反転しているアイコンのどれか1つを、手順4で作成した外付けハードディスクの「マイドキュメント」フォルダーにドラッグします。選択したデータがすべてコピーされます。

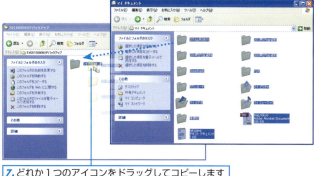

7. どれか1つのアイコンをドラッグしてコピーします

8 デスクトップのデータも忘れずにコピーします。外付けハードディスクの「マイドキュメント」と同じ階層に「デスクトップ」フォルダーを作成し、デスクトップから必要なデータをドラッグしてコピーします。
また、デスクトップにはアプリケーションの起動用ショートカット（左下に矢印のあるアイコン）もありますが、このアイコンは新しいパソコンに移行しても使用できないので、コピーしないようにしましょう。

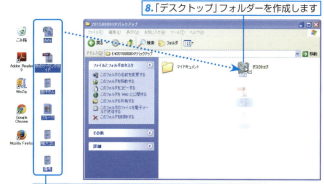

8.「デスクトップ」フォルダーを作成します

9. デスクトップからドラッグしてデータをコピーします

Point コピー漏れに注意

ここでは、XPパソコンでデータの保管場所としてよく使われる「マイドキュメント」フォルダーとデスクトップからのデータをコピーしました。その他の場所にデータを保存している場合は、そのデータも忘れずにコピーしてください。

47

Part 2　Windows 10にお引越し

XPのデータをWindows 10にコピーする

XPのデータをコピーした外付けハードディスクを、Windows 10パソコンに接続してから作業を開始します。

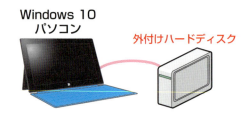

1 Windows 10のデスクトップを表示して、「エクスプローラー」を起動します。

1.「エクスプローラー」を起動します

2 左側のリストから「PC」をクリックして選択し、「デバイスとドライブ」に、接続した外付けハードディスクが表示されていることを確認して、外付けハードディスクをダブルクリックして開きます。

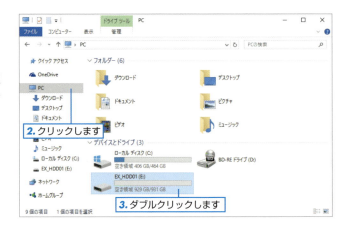

2. クリックします

3. ダブルクリックします

3 外付けハードディスクのXPからコピーした「マイドキュメント」フォルダーを表示します。
「My Music」「My Pictures」「My Videos」以外のフォルダーを選択します。 Ctrl キーを押しながらクリックすると、複数のフォルダーやファイルを選択できます。 Ctrl ＋ A キーですべて選択してから、3つのフォルダーを Ctrl キーを押しながらクリックして選択から除いていくと、効率的です。
選択したら、左側の「ドキュメント」にドラッグします。「ドキュメント」が表示されていない場合は、「PC」の左に表示される＞をクリックして展開表示してください。

48

XPからWindows 10へのお引越し **Section 2-2**

これで、Windows 10の「ドキュメント」フォルダーにXPの「マイドキュメント」フォルダー内のデータがコピーされます。

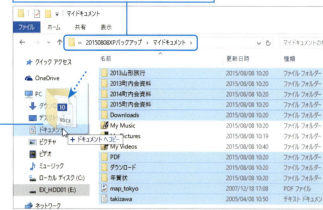

4. 外付けハードディスクのXPからコピーした「マイドキュメント」フォルダーを表示します

5. 「My Music」「My Pictures」「My Videos」以外のフォルダーを選択して、左側の「ドキュメント」にドラッグします

4 「My Music」フォルダーをダブルクリックして表示し、中のデータを選択します。
その際、アイコンに矢印のある「Smaple Music」は選択しないでください。選択したら左側の「ミュージック」にドラッグしてコピーします。

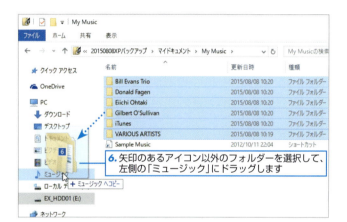

6. 矢印のあるアイコン以外のフォルダーを選択して、左側の「ミュージック」にドラッグします

5 「マイドキュメント」フォルダーに戻り、「My Music」と同様に「My Pictures」フォルダーの中のデータを「ピクチャ」に、「My Videos」フォルダーの中のデータを「ビデオ」にドラッグしてコピーします。

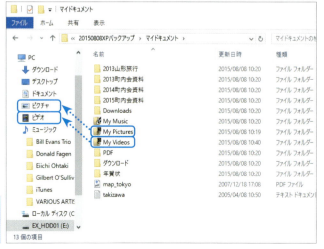

7. 「My Pictures」フォルダーの中のデータを「ピクチャ」に、「My Videos」フォルダーの中のデータを「ビデオ」にコピーします

Part 2　Windows 10にお引越し

6 「デスクトップ」フォルダーにコピーしたデータも、左側の「デスクトップ」フォルダーにドラッグしてコピーします。

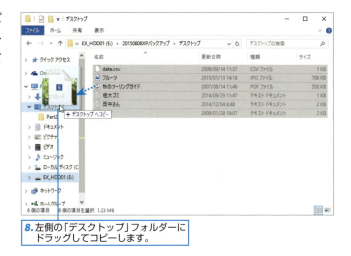

8. 左側の「デスクトップ」フォルダーにドラッグしてコピーします。

コピーした後は？

必要なアプリケーションのインストール、メールのお引越し（**Part 4**参照）、Web関連のお引越し（**Part 5**参照）を行ってください。

Section 2-3 Vista/7/8/8.1 から Windows 10 へのお引越し

Vista/7/8/8.1 パソコンから、新しい Windows 10 パソコンに、データを手作業でコピーしてお引越ししましょう。ここでは、外付けハードディスクに Vista/7/8/8.1 パソコンのデータをコピーし、外付けハードディスクを新パソコンに付け替えて新しいパソコンにコピーする方法を説明します。

Vista/7/8/8.1 のデータをハードディスクにコピーする

Vista/7/8/8.1 のデータは、基本的に「ユーザー名」フォルダーに入っているので、「ユーザー名」フォルダー内のデータをすべてコピーします。ここでは、Vista で説明しています。Windows 7/8/8.1 も手順は同じですが、操作方法が異なる場合があります。

Point Surfaceの場合
Surface RT の Windows RT でも同様にコピーしてください。

Vista/7/8/8.1
外付けハードディスク

1 外付けハードディスクを Vista/7/8/8.1 パソコンに接続します。

2 「スタート」メニューから「コンピュータ」を選択します。Windows 8/8.1 では、デスクトップ画面の左下を右クリックして「エクスプローラー」を選択します。
「コンピュータ」ウィンドウ (8.1 では「PC」ウィンドウ) に、接続した外付けハードディスクが表示されていることを確認して、外付けハードディスクをダブルクリックして開きます。
なお、外付けハードディスクの名称は、使用するハードディスクごとに異なります。

3 データをコピーする新しいフォルダーを作成します。作成したら、いつのデータをコピーしたかがわかるように日付を入れた名称を付けておきましょう。

1. 外付けハードディスクを Vista パソコンに接続します
2. 「コンピュータ」ウィンドウを開きます
3. 外付けハードディスクをダブルクリックします

4. 新しいフォルダーを作成し、いつのデータをコピーしたかわかるように日付を入れた名称を付けます

Part 2　Windows 10にお引越し

4 「スタート」メニューから「ユーザー名」を選択します（画面では「katsuya」）。
Windows 8/8.1では、再度デスクトップ画面の左下を右クリックして、「エクスプローラー」を選択しエクスプローラーウィンドウを開き、「ローカルディスク」＞「ユーザー」＞「ユーザー名」と順番に開いてください。

5. 選択します

5 「ユーザー名」ウィンドウが表示されたら、「整理」をクリックして「すべて選択」を選択してすべてを選択します。 Ctrl + A キーを押しても、すべてを選択できます。

6. クリックします
7. 選択します

> **Point　隠しフォルダーや隠しファイルが表示されたら**
> フォルダの表示オプションの設定で「隠しファイルおよび隠しフォルダを表示する」がオフになっている場合、「AppData」フォルダ、「ntuser.dat.logN」ファイルは、Ctrlキーを押しながらクリックして選択を解除してください。

6 「ユーザー名」ウィンドウの反転しているアイコンのどれか1つを、外付けハードディスクのバックアップ用フォルダーにドラッグします。選択したデータがすべてコピーされます。

8. どれか1つのアイコンをドラッグしてコピーします

52

Vista/7/8/8.1からWindows 10へのお引越し **Section 2-3**

Point コピー漏れに注意

ここでは、Vistaパソコンのデータの保管場所の標準である「ドキュメント」フォルダーのデータをコピーしました。その他の場所にデータを保存している場合は、そのデータも忘れずにコピーしてください。

Point Windows 7/8/8.1のデータのコピー

Windows 7/8/8.1のデータをバックアップコピーする場合も、Vistaと同様に「ユーザー名」フォルダーの中のデータをコピーしてください。「ユーザー名」フォルダーは「コンピューター」＞「ローカルディスク」＞「ユーザー」＞「ユーザー名」で表示できます。

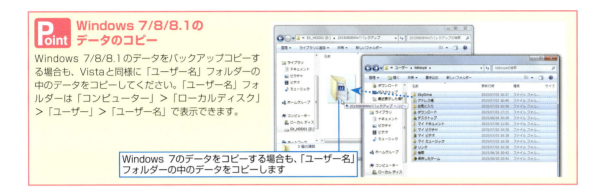

Windows 7のデータをコピーする場合も、「ユーザー名」フォルダーの中のデータをコピーします

Vista/7/8/8.1のデータをWindows 10にコピーする

Vista/7/8/8.1のデータをコピーした外付けハードディスクを、Windows 10パソコンに接続してから作業を始めてください。

1 Windows 10パソコンで「エクスプローラー」を起動します。

1.「エクスプローラー」を起動します

2 左側のリストから「PC」をクリックして選択し、「デバイスとドライブ」に、接続した外付けハードディスクが表示されていることを確認して、外付けハードディスクをダブルクリックして開きます。

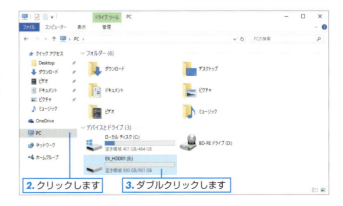

2. クリックします　　*3.* ダブルクリックします

53

Part 2 Windows 10にお引越し

3 外付けハードディスクのVista/7/8/8.1からコピーしたデータの入っているフォルダーを開いて表示します。
このフォルダー内の「デスクトップ」「ドキュメント」「ピクチャ」「ビデオ」「ミュージック」の中のデータを、Windows 10にコピーしていきます。
ウィンドウ左側の「PC」が展開表示されていない場合、「PC」の左に表示される>をクリックして展開表示してください。

4. 外付けハードディスクのVistaからコピーしたフォルダーを開きます
5. 「PC」を展開表示します

4 右側のリストの「ドキュメント」フォルダーをダブルクリックして表示し、Ctrl+Aキーですべて選択します。選択したら、左側の「ドキュメント」にドラッグします。
これで、Windows 10の「ドキュメント」フォルダーにVista/7/8/8.1の「ドキュメント」フォルダー内のデータがコピーされました。

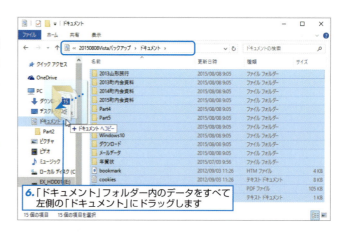

6. 「ドキュメント」フォルダー内のデータをすべて左側の「ドキュメント」にドラッグします

5 一つ上の階層に戻り、「ミュージック」フォルダーをダブルクリックして表示します。中のデータを選択します。
その際、アイコンに矢印のある「Smaple Music」は選択しないでください。選択したら左側の「ミュージック」にドラッグしてコピーします。

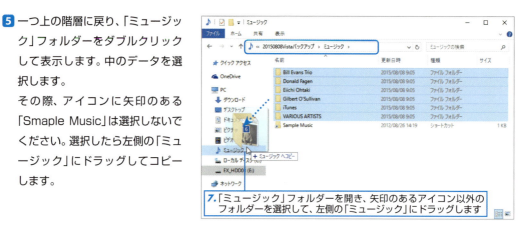

7. 「ミュージック」フォルダーを開き、矢印のあるアイコン以外のフォルダーを選択して、左側の「ミュージック」にドラッグします

Vista/7/8/8.1からWindows 10へのお引越し **Section 2-3**

6 一つ上の階層に戻り、同様に「ピクチャ」フォルダーの中のデータを「ピクチャ」に、「ビデオ」フォルダーの中のデータを「ビデオ」に、「デスクトップ」フォルダーの中のデータを「デスクトップ」にドラッグして移動します。

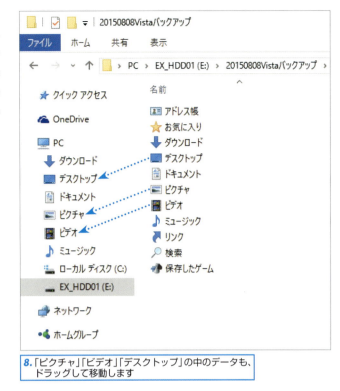

8.「ピクチャ」「ビデオ」「デスクトップ」の中のデータも、ドラッグして移動します

コピーした後は？

必要なアプリケーションのインストール、メールのお引越し（**Part 4**参照）、Web関連のお引越し（**Part 5**参照）を行ってください。

Point　Windows 7/8/8.1のデータをWindows 10にコピー

Windows 7/8/8.1のデータも、Vistaと同様にWindows 10の各フォルダーにコピーしてください。

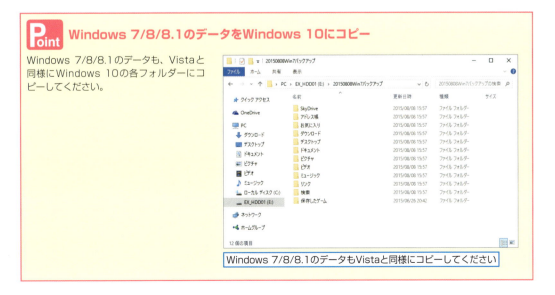

Windows 7/8/8.1のデータもVistaと同様にコピーしてください

55

Part 2　Windows 10にお引越し

Section 2-4　XP/VistaパソコンにWindows 10を新規インストールした場合

XP/VistaパソコンにWindows 10を新規インストールした場合、ハードディスクをフォーマットしないで元のWindowsと同じパーティションにインストールすると、元のWindowsのデータが「Windows.old」フォルダーに残っています。このフォルダーからデータを取り出すことができます。

XP/VistaにWindows 10を新規インストールした場合

　XP/VistaパソコンにWindows 10を新規インストールする際、インストール先を元のWindowsが入っていたハードディスクのパーティションに指定した場合、元のWindowsのデータが「Windows.old」フォルダーとして「C:」の直下に残った状態でインストールされます。

　「Windows.old」フォルダー内に残っている「マイドキュメント」などのデータをWindows 10のフォルダーに移動すれば手作業になりますが、元のWindowsで使っていたデータをWindows 10にお引越しできます。

 DSP版が必要

XP/VistaパソコンにWindows 10を新規インストールするには、DSP版のWindows 10（15ページ参照）が必要です。

XPのデータの移動

　ここでは、XPパソコンにWindows 10を新規インストールしたときの「Windows.old」フォルダーからのデータのお引越し手順を説明します。

1 Windows 10をインストール後、エクスプローラーを起動します。

1. デスクトップを表示して「エクスプローラー」を起動します

2 左側のリストから「PC」をダブルクリックして展開表示し、「ローカルディスク」を選択します。
右側のリストにある「Windows.old」フォルダーをダブルクリックします。

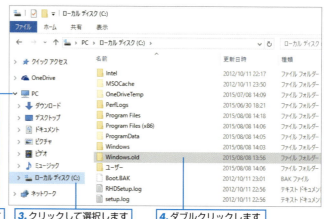

2. ダブルクリックして展開表示します　　*3.* クリックして選択します　　*4.* ダブルクリックします

56

XP/VistaパソコンにWindows 10を新規インストールした場合 **Section 2-4**

3「Documents and Settings」＞「ユーザー名」＞「My Documents」と順番にダブルクリックして開きます。
このフォルダーがXPの「マイドキュメント」フォルダーとなります。

5.「Documents and Settings」＞「ユーザー名」＞「My Documents」と順番にダブルクリックして開きます

4「My Music」「My Pictures」「My Videos」以外のフォルダーを選択します。Ctrl キーを押しながらクリックすると、複数のフォルダーやファイルを選択できます。
Ctrl ＋ A キーですべて選択してから、3つのフォルダーを Ctrl キーを押しながらクリックして選択から除いていくと、効率的です。
選択したら、左側の「ドキュメント」にドラッグします。
これで、Windows 10の「ドキュメント」フォルダーにXPの「マイドキュメント」フォルダー内のデータが移動します。

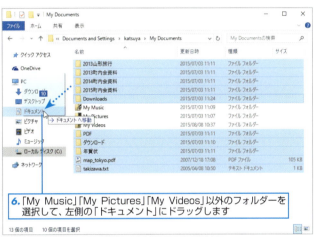

6.「My Music」「My Pictures」「My Videos」以外のフォルダーを選択して、左側の「ドキュメント」にドラッグします

5「My Music」フォルダーをダブルクリックして表示し、中のデータを選択します。
その際、アイコンに矢印のある「samples」「Sample Music」は選択しないでください。選択したら左側の「ミュージック」にドラッグして移動します。

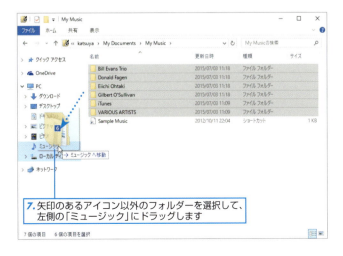

7. 矢印のあるアイコン以外のフォルダーを選択して、左側の「ミュージック」にドラッグします

57

Part 2 Windows 10にお引越し

6 「My Documents」フォルダーに戻り、「My Music」と同様に「My Pictures」フォルダーの中のデータを「ピクチャ」に、「My Videos」フォルダーの中のデータを「ビデオ」にドラッグして移動します。

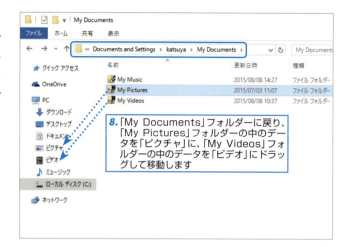

8. 「My Documents」フォルダーに戻り、「My Pictures」フォルダーの中のデータを「ピクチャ」に、「My Videos」フォルダーの中のデータを「ビデオ」にドラッグして移動します

7 「デスクトップ」のデータは、「My Documents」フォルダーの上の「ユーザー名」フォルダーに入っている「デスクトップ」フォルダーから移動してください。

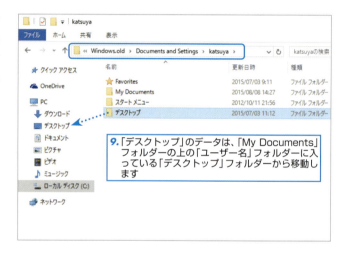

9. 「デスクトップ」のデータは、「My Documents」フォルダーの上の「ユーザー名」フォルダーに入っている「デスクトップ」フォルダーから移動します

Vistaのデータの移動

　VistaパソコンにWindows 10を新規インストールしたときの「Windows.old」フォルダーからのデータのお引越し手順を説明します。

1 Windows 10をインストール後、エクスプローラーを起動します。

1. デスクトップを表示して「エクスプローラー」を起動します

58

XP/VistaパソコンにWindows 10を新規インストールした場合 **Section 2-4**

2 左側のリストから「PC」をダブルクリックして展開表示し、「ローカルディスク」を選択します。右側のリストの「Windows.old」フォルダーをダブルクリックします。

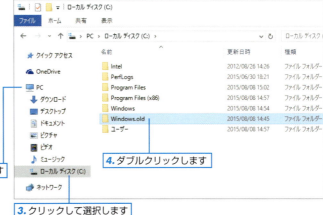

2. ダブルクリックして展開表示します
3. クリックして選択します
4. ダブルクリックします

3 「ユーザー」>「ユーザー名」と順番にダブルクリックして開きます。このフォルダーが、Vistaのユーザーフォルダーとなります。

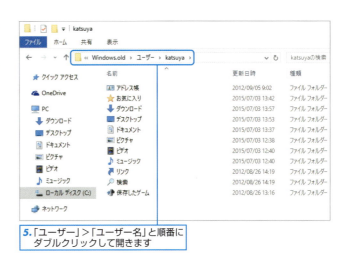

5. 「ユーザー」>「ユーザー名」と順番にダブルクリックして開きます

4 右側のリストの「ドキュメント」フォルダーをダブルクリックして表示し、 Ctrl + A キーですべて選択します。
選択したら、左側の「ドキュメント」にドラッグします。
これで、Windows 10の「ドキュメント」フォルダーにVistaの「ドキュメント」フォルダー内のデータが移動しました。

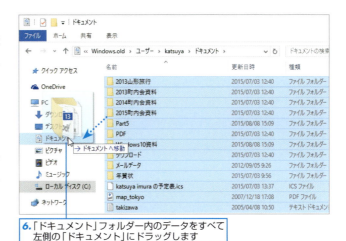

6. 「ドキュメント」フォルダー内のデータをすべて左側の「ドキュメント」にドラッグします

59

Part 2　Windows 10にお引越し

5 一つ上の階層に戻り、「ミュージック」フォルダーをダブルクリックして表示します。中のデータを選択します。
その際、アイコンに矢印のある「Smaple Music」は選択しないでください。選択したら左側の「ミュージック」にドラッグして移動します。

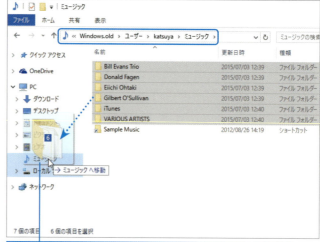

7.「ミュージック」フォルダーを開き、矢印のあるアイコン以外のフォルダーを選択して、左側の「ミュージック」にドラッグします

6 ユーザーフォルダーに戻り、同様に「デスクトップ」フォルダーの中のデータを「デスクトップ」に、「ピクチャ」フォルダーの中のデータを「ピクチャ」に、「ビデオ」フォルダーの中のデータを「ビデオ」にドラッグして移動します。

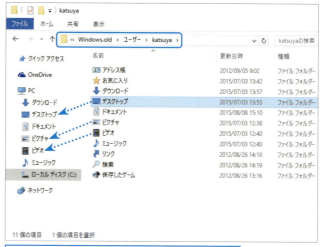

8.「デスクトップ」「ピクチャ」「ビデオ」の中のデータも、ドラッグして移動します

移動した後は？

　必要なアプリケーションのインストール、メールのお引越し（**Part 4**参照）、Web関連のお引越し（**Part 5**参照）を行ってください。

 Windows 7/8/8.1も同様

Windows 7/8/8.1と同じハードディスクのパーティションにWindows 10を新規インストールすると、XPやVistaと同様に、Windows.oldに古いWindowsのデータは残ります。

Windows 10

Part 3

お引越し後および
アップグレード後の作業

旧パソコンからのデータのコピーが終了したら、アプリケーションのインストールなどを行いましょう。

Part 3　お引越し後およびアップグレード後の作業

アプリのインストール

Windows 10へのアプリ（ソフトウェア）のお引越しも重要な作業です。ここでは、アプリの移行について説明します。

アプリのお引越し

　XP/Vista/7/8/8.1パソコンから新しいWindows 10パソコンに変えた場合、使用するアプリもお引越しする必要があります。ただし、XP/Vista/7/8/8.1パソコンで使用していたアプリが、どのように導入されたのかによって、お引越しできるかどうかが決まります。

　アプリの導入は、以下の3つのケースが考えられます。これらのケースごとに、どのようにアプリをお引越しするかを説明します。

1. パソコン購入時から入っていたアプリ（プレインストール）
2. パッケージを購入してインストールしたアプリ
3. インターネットからダウンロードしてインストールしたアプリ

パソコン購入時から入っていたアプリ（プレインストール）

　XP/Vista/7/8/8.1パソコンを購入した際に付いてきたり、すでにインストールされていたアプリは、パソコンの製品の一部とみなされます。そのため、そのパソコンだけでしか利用できません。新しく購入したWindows 10パソコンにインストールして利用することはライセンス違反となります。

　なお、7/8.1パソコンにWindows 10をアップグレードや新規インストールした場合は、同じパソコンでの使用のためライセンス違反とならない場合がほとんどです。ただし、それらのアプリをインストールするためのCD-ROMやDVD-ROMなどのインストールメディアが必要になります。もしメディアがない場合は、パソコンのメーカーなどに問い合わせてみてください。

 Windows標準のデスクトップアプリは少ない

Windows標準として入っているデスクトップアプリはそれほど多くありません。パソコン購入時に入っている多くのデスクトップアプリは、メーカーが選択してプレインストールされているものです。
そのため、普段使用しているアプリが標準とは限らず、Windows 10パソコンに入っているとも限りません。また、パソコンメーカー独自のアプリは市販されていない場合もあります。

▶ **Windows 10でXP/Vista/7/8/8.1パソコンに入っていたアプリを利用したい場合**

　XP/Vista/7/8/8.1パソコンに付属していたアプリを新しいWindows 10パソコンでも利用したい場合は、以下の方法が考えられます。

62

◆Windows 10パソコンにそのアプリが入っている機種を選択する

　Windows 10パソコンを購入する際に、XP/Vista/7/8/8.1パソコンで使用していたアプリがプレインストールされているモデルを選択する方法です。たとえば、WordやExcelを使用する場合、Office製品が入っているパソコンを選択すれば大丈夫です。

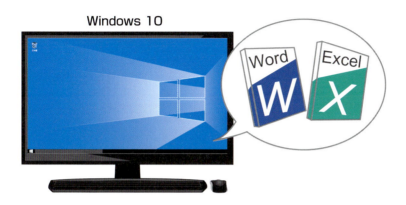

◆パッケージを購入してWindows 10にインストールする

　Windows 10パソコンにXP/Vista/7/8/8.1パソコンで使用していたアプリが入っていない場合は、パッケージ製品を購入してインストールすれば使用できます。ただし、パッケージを購入する際にはWindows 10に対応していることを確認してください。

　パソコンにプレインストールされているアプリには、パッケージ製品で販売されていないものもあります。例えば、パソコンメーカーが独自に自社パソコンのために開発したアプリなどです。

　それらのアプリをWindows 10パソコンで使用するには、同じメーカーのパソコンに乗り換えるしかありません。その際も、新しいパソコンに使いたいアプリが入っているか確認することが重要です。

●「Office Personal 2013」(左)、「Office Home and Business 2013」(中央)、「Office Professional 2013」(右)

Point　Windows 10に対応していることを確認しよう

XP/Vista/7/8/8.1パソコンで動作していたソフトウェアでも、Windows 10で動作するかの保証はありません。ソフトウェアメーカーのWebサイトなどで確認してからインストールしてください。

パッケージを購入してインストールしていたアプリ

パッケージ製品を購入してインストールしていた場合は、XP/Vista/7/8/8.1パソコンでの使用をやめることで、新しいWindows 10パソコンにインストールして利用できます。

▶ XP/Vista/7/8/8.1パソコンでアンインストールが必要

アプリの使用許諾条件によりますが、基本的に1つのアプリは、1台のパソコンにインストールして使用する権利があるだけです。

そのため、Windows 10パソコンで利用する場合は、XP/Vista/7/8/8.1パソコンからアプリをアンインストール（パソコンからソフトウェアを消去する作業）をする必要があります。

アンインストール方法はアプリによって異なるので、必ず取扱説明書やヘルプを参照してから行ってください。

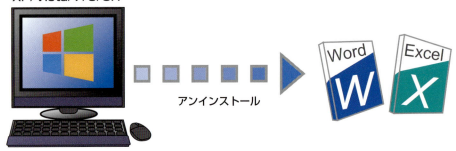

▶ ライセンスの移動が必要な場合がある

マイクロソフト社やアドビシステムズ社では、アプリを動作させるためにライセンス認証の仕組みを取っています。これは、アプリの不正コピーを防ぐためで、インターネットや電話を使い正規ユーザーであることをメーカーに確認してもらい、使用上の機能制限を解除するものです。

通常は、製品のインストール時やインストール後にライセンス認証の手続きを行います。ライセンス認証の仕組みを採用しているアプリでは、新しいWindows 10パソコンでライセンス認証するために、XP/Vista/7/8/8.1パソコン側でアプリに認証されていたライセンスを無効にしなければならない場合があります（例：アドビシステムズ社のCreative Suite製品）。

ですから、XP/Vista/7/8/8.1パソコンでアプリをアンインストールする場合は、必ず取扱説明書やヘルプを参照して、アンインストールの方法を確認してください。

マイクロソフト社のOffice製品の場合は、アドビシステムズ社のようにアンインストール時にライセンスの解除は必要ありません。ただし、Windows 10パソコンに再インストールした後に、再度ライセンス認証をする必要があります。

また、自動でライセンス認証できる回数も制限されており、上限を超えると電話でパソコンが変わった旨を担当者に伝えて、ライセンスを発行してもらう必要があります。

アプリのインストール **Section 3-1**

> **Point** **Windows 10対応の確認**
>
> XP/Vista/7/8/8.1で動作していたアプリが、Windows 10で正常に動作するとは限りません。対応に関しては、使用しているアプリのメーカーのWebサイト等で確認を取ってください。
> Windows 10で利用するためにアップデータ等が必要な場合は、メーカーのWebサイトからダウンロードしてアップデートしてください。
> 特に、日本語入力ソフト、アンチウイルスソフトのようなセキュリティソフトはWindowsとの関係が密接なために、必ずWindows 10対応であるかを確認してください。

インターネットからダウンロードしたアプリの場合

シェアウェアやフリーウェアなど、インターネットからダウンロードしたアプリをインストールした場合、ダウンロードしたファイルをWindows 10パソコンに移行して再インストールして利用できます。

ただし、シェアウェアの場合、使用できるライセンス許諾数にしたがってください。1台1ライセンスの場合には、XP/Vista/7/8/8.1パソコンにインストールしたアプリをアンインストールしなければなりません。

基本的に、パッケージ製品を購入した場合と同じ扱いになります。

▶ シェアウェアやフリーウェアは最新版をダウンロード

シェアウェアやフリーウェアを再インストールする場合は、配布サイトでWindows 10対応であることを確認してください。

ただし、シェアウェアの場合は、最新版がバージョンアップされていて差額の支払が必要な場合もあります。Webサイトで確認してください。

▶ Windowsストアから入手したアプリ

Windowsストアから入手したアプリは、同じマイクロソフトアカウントを使えば、他のパソコンでもインストールできます。新しいパソコンで再インストールしてください。

インターネット（Webブラウザー）

インターネットを閲覧するためのWebブラウザー「Internet Explorer」は、Windows 10に無償で付いています。アプリそのものをお引越しする必要はありません。

ただしXP/Vista/7/8/8.1と同じ環境で使用するには、「お気に入り」や「Cookie」といったデータをお引越しする必要があります。これらのデータは、**Part 5**で説明するように手作業でお引越しします。

65

Part 3 お引越し後およびアップグレード後の作業

▶ Internet Explorer以外のWebブラウザーの場合

Google ChromeなどのInternet Explorer以外のWebブラウザーを使用している場合は、アプリの再インストールが必要になります。Firefox、Google Chromeに関しては、**Part 5**で設定やブックマーク等の移行方法を説明しているので参照してください。

メールアプリ

Windows 10には標準でメールアプリが入っていますが、アカウントの設定などを移行できません。

XPの「Outlook Express」やVistaの「Windowsメール」の後継となるメールソフトとして、マイクロソフト社は「Windows Liveメール」というアプリをWebサイトで無償配布しているので、ダウンロードして利用するとよいでしょう。Windows Liveメールのダウンロードとインストールについては、**Section 3-2**を参照してください。

XP/Vista/7/8/8.1と同じ環境で使用するには、「メールデータ」やメールアドレス等の「アカウント情報」、「アドレス帳」といったデータをお引越しする必要があります。

これらのデータをお引越しするには、**Part 4**で説明するように手作業でお引越しします。

プリンタ等の周辺機器のドライバソフト

プリンタやスキャナ等の周辺機器は、Windows 10用のドライバが必要になります。

Windows 10に対応ドライバが入っている場合はそのまま利用できますが、入っていない場合はWindows 10用ドライバを製品発売元のメーカー等のWebサイトなどから入手してインストールしてください。

インストール後のチェック

Windows 10パソコンにアプリを再インストールした場合は、必ず動作確認を行いましょう。

アプリを起動し、新規ファイルを作成して保存したり、以前のパソコンで作成したデータを開くなどして、正常に動作するかを確認しましょう。

Windows Essentialsのダウンロードとインストール **Section 3-2**

Windows Essentialsのダウンロードとインストール

Windows 7以降、XP/Vistaでは標準で付いていたメールアプリなど一部のソフトが標準添付ではなくなりました。その代わりとなるアプリがマイクロソフト社のWebサイトから無償配布されています。ここでは、メールアプリ「Windows Liveメール」のダウンロードとインストールについて説明します。

「Windows Essentials」とは？

　Windows 7以降、「Outlook Express」「Windowsメール」のようなメールソフトはが添付されなくなりました。その代わりに、マイクロソフト社のWebサイトから「Windows Essentials」をダウンロードしてインストールすると、後継ソフトとなる「Windows Liveメール」を使用できるようになります。

　また、「WindowsPhotoshopギャラリー」や「Windowsムービーメーカー」も標準ではなくなりましたが、Windows Essentialsに「Windows Liveフォトギャラリー」「Windows Liveムービーメーカー」が用意されています。

　なお、一部のメーカー製パソコンでは、最初からこれらのソフトがインストールされています。その場合は、ここでの作業は必要ありません。

XP/Vista		Windows 7/8/8.1
Outlook Express ／ Windowsメール	→	Windows Liveメール
Windowsフォトギャラリー	→	Windows Liveフォトギャラリー
Windowsムービーメーカー	→	Windows Liveムービーメーカー

 フォトギャラリーとムービーメーカー

フォトギャラリーとムービーメーカーは、単体の無償アプリとしてマイクロソフト社のWebサイトから、それぞれ個別にダウンロードして利用できます。

Windows Essentialsのダウンロードとインストール

Windows Essentialsをダウンロードしてインストールしましょう。

1 Edge（またはInternet Explorer）を起動して、Windows EssentialsのWebページを開きます（「Windows Essentials」で検索してください）。「今すぐダウンロード」をクリックします。

1. クリックします

67

Part 3　お引越し後およびアップグレード後の作業

2 ダウンロードが完了したら、「実行」ボタンをクリックします。

2.クリックします

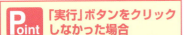

「実行」ボタンをクリックしなかった場合

「ダウンロード」フォルダーを開き、「wlsetup-web.exe」をダブルクリックして起動してください。

3 「ユーザーアカウント制御」ダイアログボックスが開くので、「はい」ボタンをクリックすると、Windows Essentialsのインストーラーが起動します。

● インストーラーが起動しました

Point 「.NET Framework 3.5」のインストールが必要

Windows Essentialsのアプリを利用するには、Windows 10に「.NET Framework 3.5」が必要です。未インストールの場合は下図のような画面が表示されるので、次の手順でインストールします。

1 「この機能をダウンロードしてインストールする」をクリックします。

2 ダウンロードとインストールが完了したら、「閉じる」ボタンをクリックします。

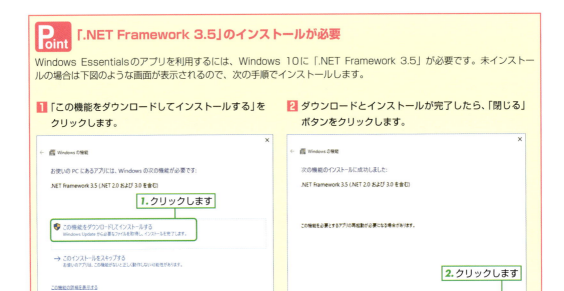

68

4 Windows Essentialsのアプリをすべてインストールするには、「Windows Essentialsをすべてインストール（推奨）」をクリックします。アプリを選択するには、「インストールする製品の選択」をクリックします。

ここでは「Windows Essentialsをすべてインストール（推奨）」をクリックします。

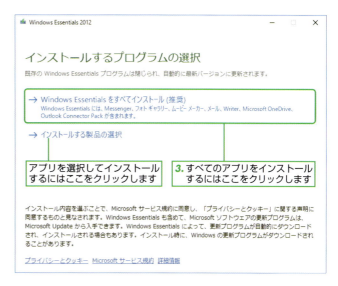

Point インストールできるプログラム

「インストールする製品の選択」をクリックすると、右の画面が開きます。「Windows Liveメール」をインストールするには、「メール」にチェックします。
他のアプリもインストールするには、インストールするプログラムをチェックして「インストール」ボタンをクリックしてください。

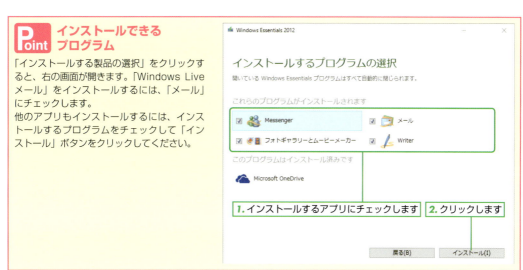

5 インストールしています。

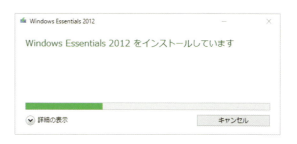

69

Part 3 お引越し後およびアップグレード後の作業

6 「閉じる」ボタンをクリックして、インストール完了です。

4. クリックします

7 「承諾」ボタンをクリックします。

5. クリックします

Windows Liveメールへのメールやアドレス帳のお引越しは、**Part 4**を参照してください。

日本語辞書(IMEの辞書)ファイルのお引越し

Section 3-3

日本語入力時に使用しているソフトのMS-IMEに漢字の読みを登録した辞書ファイルも、Windows 10パソコンに移行できます。

XP/Vista/7/8/8.1パソコンからデータを取り出す

はじめに、XP/Vista/7/8/8.1パソコンの辞書ファイルをUSBメモリーや外付けハードディスクなどにコピーします。画面はXPですが、Vista/7/8/8.1でも同じ手順です。

Point　Windows 8/8.1の場合には？

Windows 8/8.1では、デスクトップを表示してツールバーの「あ」(「ア」や「A」と表示されている場合もあります)の部分を右クリックして、「プロパティ」を選択します。「Microsoft IMEの設定」ダイアログボックスが表示されたら、「詳細設定」をクリックしてください。

1 IMEツールバーの🖉をクリックしてメニューを開き、「プロパティ」をクリックします。

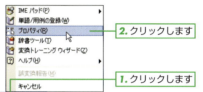

2 「IMEのプロパティ」ダイアログボックスが開くので、「辞書/学習」タブをクリックして表示します。「ユーザー辞書」の「参照」ボタンをクリックします。

3 「ユーザー辞書の設定」ダイアログボックスが開くので、表示された「imjpXX.dic」というファイルを右クリックし、ショートカットメニューから「コピー」を選択します。

71

Part 3　お引越し後およびアップグレード後の作業

4 「スタート」メニューから「マイコンピュータ」（Vista/7では「コンピュータ」）を開き、コピーに使用するUSBメモリーや外付けハードディスクを開きます。右クリックしてショートカットメニューから「貼り付け」を選択します。

5 辞書ファイルがUSBメモリーにコピーされました。

6 「IMEのプロパティ」ダイアログボックスは、「キャンセル」ボタンをクリックして閉じてください。

コピーされた辞書ファイル

Windows 10パソコンでの作業

　Windows 10パソコンにXP/Vista/7/8/8.1パソコンで使っていた辞書データを登録します。XP/Vista/7/8/8.1パソコンでコピーした辞書ファイルの入ったUSBメモリーなどのメディアを、Windows 10パソコンに接続してください。

1 ツールバーの「あ」（「ア」や「A」と表示されている場合もあります）の部分を右クリックして、「ユーザー辞書ツール」を選択します。
IMEが起動していない場合は、Edgeなどを起動して、文字を入力する状態にしてください。

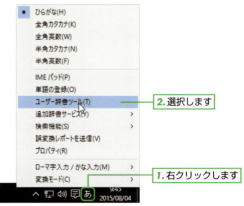

72

日本語辞書（IMEの辞書）ファイルのお引越し **Section 3-3**

2 辞書ツールが起動するので、「ツール」メニューから「Microsoft IME 辞書からの登録」を選択します。

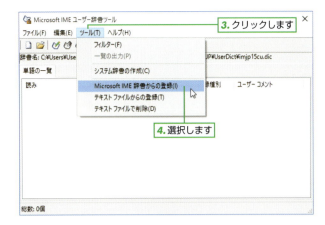

3 XP/Vista/7/8/8.1パソコンでUSBメモリーなどにコピーした辞書ファイルを選択して、「開く」ボタンをクリックします。

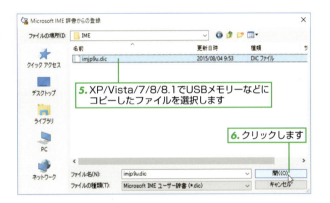

4 辞書データがWindows 10のIMEに取り込まれます。
「終了」ボタンをクリックしてダイアログボックスを閉じます。

Point　Windows 10にアップグレードした場合

パソコンをWindows 10にアップグレードした場合、「Windows.old」フォルダが残っていれば、7/8/8.1の辞書データを取り出せます。
「imjp14cu.dic」のように「imjpNNu.dic」というファイルが辞書ファイルなので、「ファイルの検索」で「imjp*.dic」を検索してください。いくつかの辞書が検索された場合は、自分のユーザー名のフォルダに入っている辞書ファイルをデスクトップなどにコピーして、現在のMS-IMEに取り込んでください。

Part 3　お引越し後およびアップグレード後の作業

 iTunesのお引越し

iTunesに取り込んだデータをお引越しするには、音楽等のデータを保管してある「iTunes」フォルダーをWindows 10パソコンにコピーすれば大丈夫です。
初期設定の「iTunes」フォルダーは、XPでは「マイミュージック」フォルダー、Vista/7/8/8.1では「ミュージック」フォルダーの中に入っているので、Windows 10でのお引越し先は「ミュージック」フォルダーになります。
Windows 10にiTunesをインストールする必要がありますが、初期設定で「ミュージック」フォルダー内の「iTunes」フォルダーが保管先になるので、特に設定の変更は必要ありません。
なお、iTunes Storeで購入した音楽等をWindows 10にお引越しした場合は、はじめて再生またはiPodなどと同期するときに、購入時のApple IDとパスワードが必要になります。
購入した音楽等は最大5台のパソコンで利用でき、コピーした際に何台のパソコンで使用されているかが表示されます。

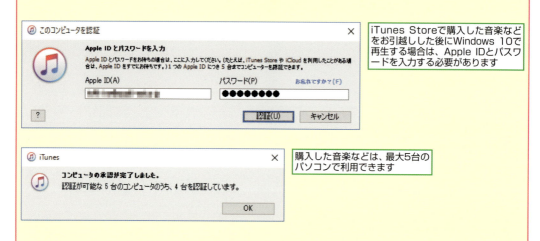

iTunes Storeで購入した音楽などをお引越しした後にWindows 10で再生する場合は、Apple IDとパスワードを入力する必要があります

購入した音楽などは、最大5台のパソコンで利用できます

iPodやiPhoneとの同期は、XP/Vista/7/8/8.1パソコンで同期した続きの状態から行えます。
ライブラリの保存場所を変更している場合は、保存場所の「iTunes」フォルダーをコピーしてください。
保存場所の設定は、「編集」メニューの「設定」を選択し、表示されたウィンドウの「詳細」パネルで設定できます。

Windows 10

Part 4

メール関連の
手作業でのお引越し

ここでは、Windows XPのOutlook
ExpressやWindows Vistaの
WindowsメールからWindows Live
メールへの手作業によるお引越しや、
Windows Liveメール同士のお引越
し、さらにOutlookのお引越しの手順
について説明します。

Part 4　メール関連の手作業でのお引越し

Outlook ExpressからWindows Liveメールへ

Windows XPの標準メールアプリ「Outlook Express」は、Windows 7以降「Windows Liveメール」へと変わりました。ここでは、Outlook ExpressからWindows Liveメールへの手作業によるデータ移行の方法について説明します。

移行できるのは3項目

　Outlook ExpressからWindows Liveメールに手作業で移行できるのは、次の3つになります。振り分けするメールルールや署名は移行できないので、Windows Liveメールで再設定してください。

- メールデータ（送受信したメールの内容）
- アカウント（メールアドレスやパスワードなどメール送受信に関するデータ）
- アドレス帳

　これらのデータをUSBメモリーや外付けハードディスクなどのバックアップメディアに一度コピーしてから、Windows 10パソコンに移します。

XPパソコンでの作業

▶ メールデータのバックアップ

　Outlook Expressのメールデータの保存場所を調べて、そのデータをバックアップメディアにコピーしましょう。手順としては、次のようになります。

1. Outlook Expressを起動してメールデータの保存場所を調べる
2. 保存場所のデータをバックアップメディアにコピーする

　バックアップメディアをパソコンに接続して、データをコピーできる準備をしてから作業するといいでしょう。

Outlook ExpressからWindows Liveメールへ **Section 4-1**

1 Outlook Expressを起動して、「ツール」メニューから「オプション」を選択します。

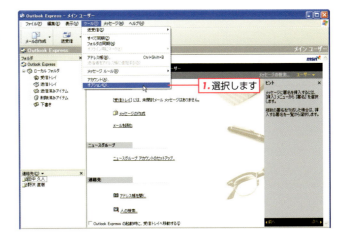

2 「メンテナンス」タブをクリックして表示し、「保存フォルダ」ボタンをクリックします。

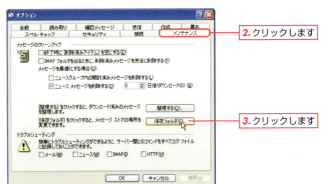

3 「保存場所」ダイアログボックスが開きます。ここに表示されているフォルダにOutlook Expressのメールデータが保存されています。表示されているフォルダ名の欄にカーソルを移動し、右クリックしてショートカットメニューから「すべて選択」を選択します。

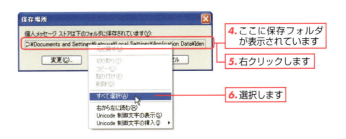

4 フォルダ名が反転されたことを確認したら、再度右クリックしてショートカットメニューから「コピー」を選択します。

Part 4　メール関連の手作業でのお引越し

　コピーしたら、このダイアログボックスと「オプション」ダイアログボックスは「キャンセル」ボタンをクリックして、閉じてしまってかまいません。
　これで、保存場所はわかりました。次に、保存場所のデータをバックアップメディアにコピーします。

5「スタート」メニューから「マイコンピュータ」を選択して、「マイコンピュータ」ウィンドウを開きます。ウィンドウの「アドレスバー」を右クリックして、ショートカットメニューから「貼り付け」を選択します。

7.「マイコンピュータ」ウィンドウを開きます
8. 右クリックします
9. 選択します

6「マイコンピュータ」ウィンドウの「アドレスバー」に貼り付けたら「移動」ボタンをクリックします。表示されたファイルが、メールのデータです。メールの保存フォルダごとにファイルができていることがわかります。

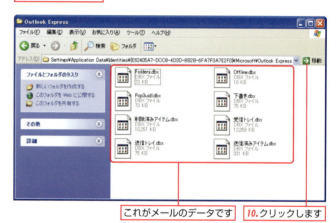
これがメールのデータです　10. クリックします

7 バックアップメディアを開きます（ここではUSBメモリーを使っています）。メールデータを保存するフォルダ（ここでは「メールデータ」フォルダ）を作成し、手順**6**で表示したフォルダの内容のファイルをコピーします。

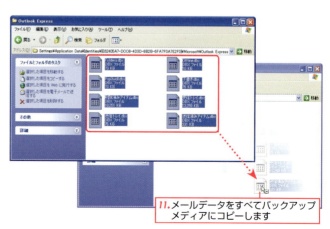
11. メールデータをすべてバックアップメディアにコピーします

78

Outlook ExpressからWindows Liveメールへ **Section 4-1**

これで、メールデータのバックアップは終了です。Outlook Expressで開いているダイアログボックスやウィンドウは、すべて「キャンセル」ボタンをクリックして閉じてください。

なお、バックアップした後にメールを送受信した場合は、そのデータは含まれません。ご注意ください。

Point Windowsを複数ユーザーでログインして使っている場合	**Point Outlook Expressの複数ユーザー機能を使っている場合**
Windowsを複数ユーザーでログインして使っている場合は、それぞれのユーザーごとに同じ手順でメールデータをバックアップしてください。	Outlook Expressの複数ユーザー機能を使っている場合も、それぞれのユーザーごとに同じ手順でメールデータをバックアップしてください。

▶ アカウント情報のバックアップ

Outlook Expressのメールアドレスやメールサーバーなどを設定したアカウント情報も、バックアップして移行します。

1 Outlook Expressを起動して、「ツール」メニューから「アカウント」を選択します。

2 「メール」タブをクリックします。バックアップするアカウントを選択して、「エクスポート」ボタンをクリックします。

79

Part 4　メール関連の手作業でのお引越し

3 USBメモリーなどのバックアップメディアにバックアップ用のフォルダ（ここでは「メールアカウント」）を作成し、保存します。一度「マイドキュメント」などに保存して、そのデータをUSBメモリーなどのバックアップメディアにコピーしてもかまいません。

　これで、アカウントのバックアップは終了です。「閉じる」ボタンをクリックしてダイアログボックスを閉じてください。保存したアカウント情報は、「アカウント名.iaf」というファイルになります。
　複数のアカウントを使っている場合は、すべてのアカウントで同じ操作をして保存してください。

▶ アドレス帳のバックアップ

　Outlook Expressのアドレス帳のデータをバックアップします。

1 Outlook Expressを起動して、アドレス帳を開きます。

2 「ファイル」メニューの「エクスポート」から「アドレス帳（WAB）」を選択します。

3 USBメモリーなどのバックアップメディアにバックアップ用のフォルダ（ここでは「アドレス帳」）を作成し、名称を付けて（ここでは「アドレス」）保存します。

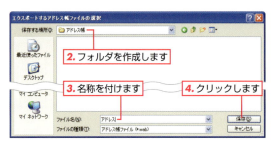

4 「OK」ボタンをクリックします。

　これで、アドレス帳のデータのバックアップは完了です。
　保存したアドレス帳のデータは、「名称.wab」というファイルになります。

Windows 10パソコンでWindows Liveメールにデータを読み込む

XPでバックアップした「メールデータ」「アカウント情報」「アドレス帳」の3つのデータを、Windows 10パソコンのWindows Liveメールに読み込みます。

バックアップメディアをWindows 10パソコンに接続して作業してください。

> **Point　Windows Liveメールについて**
> Windows Liveメールのダウンロードとインストールは、Section 3-2を参照してください。

▶ Windows 10でメールデータを読み込む

メールデータをWindows 10パソコンのWindows Liveメールに読み込みます。

1 スタートメニューから「Windows Live Mail」をクリックして起動します。
Windows Liveメールを最初に起動した際には、「自分の電子メールアカウントを追加する」画面が起動しますが、「キャンセル」ボタンをクリックしてキャンセルしてください。

2 「ファイル」タブをクリックして、「メッセージのインポート」を選択します。

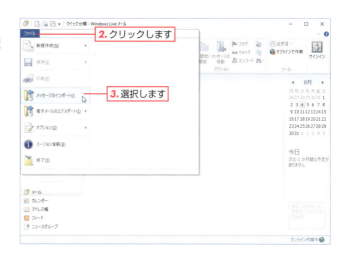

Part 4　メール関連の手作業でのお引越し

3「プログラムの選択」ダイアログボックスが開くので、「Microsoft Outlook Express 6」を選択して「次へ」ボタンをクリックします。

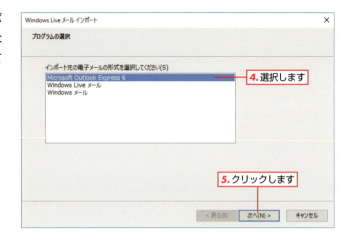

4「参照」ボタンをクリックします。

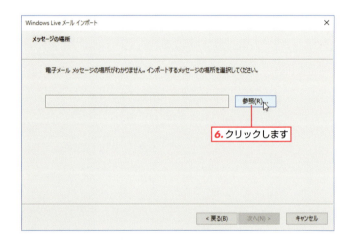

5 メールデータを保存したバックアップメディア（ここでは「USB_001(E:)」）のフォルダーを選択して、「OK」ボタンをクリックします。

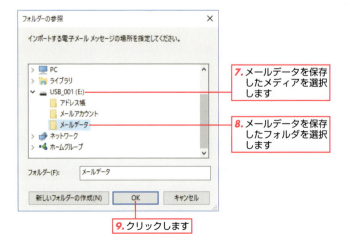

Outlook ExpressからWindows Liveメールへ **Section 4-1**

6「次へ」ボタンをクリックします。

7「フォルダーの選択」ダイアログボックスが開くので、読み込むフォルダーを選択して「次へ」ボタンをクリックします。
「すべてのフォルダー」を選択すると、「削除済みアイテム」や「迷惑メールフォルダー」などの不要なメールフォルダーまで読み込みます。「選択されたフォルダー」を選択し、下側のリストで Ctrl ＋クリックして、必要なフォルダーだけを選択するようにしましょう。

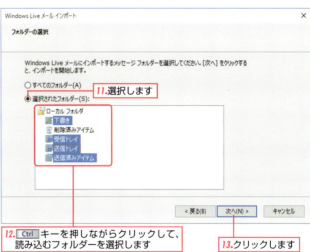

8「完了」ボタンをクリックすると、読み込みは完了です。

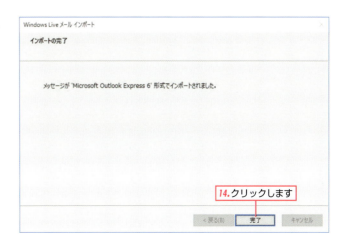

83

Part 4　メール関連の手作業でのお引越し

9 読み込まれたメールデータは、「インポートされたフォルダー」の中に読み込まれます。管理しやすいように、フォルダーや中のメールデータをお好きなフォルダーに移動してください。

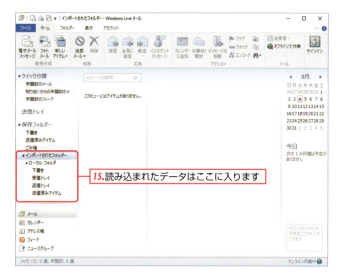

Windows 10のWindows Liveメールでアカウントデータを読み込む

　Windows 10のWindows Liveメールで、バックアップメディアからアカウントデータを読み込みます。読み込むと、そのアカウントでメールの送受信が可能になります。

1 Windows Liveメールを起動し、「ファイル」タブをクリックし、「オプション」から「電子メールアカウント」を選択します。

2 「アカウント」ダイアログボックスが開くので、「インポート」ボタンをクリックします。

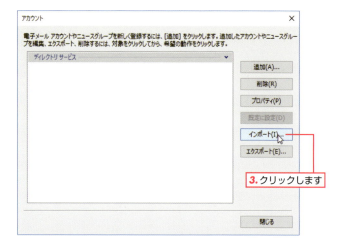

Outlook ExpressからWindows Liveメールへ **Section 4-1**

3 バックアップメディア（ここでは「USB_001(E:)」）に保存したアカウントデータを選択して、「開く」ボタンをクリックします。

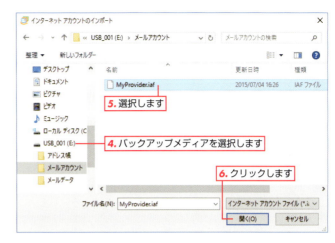

4 「アカウント」ダイアログボックスにOutlook Expressのアカウント情報が読み込まれて利用できるようになりました。
「閉じる」ボタンをクリックしてダイアログボックスを閉じます。
複数のアカウントを使う場合は、それぞれのアカウントを同じ手順で読み込んでください。

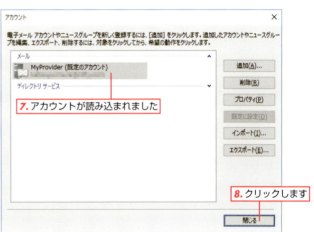

5 読み込まれたアカウントの送受信データは、サイドバーに表示されます。

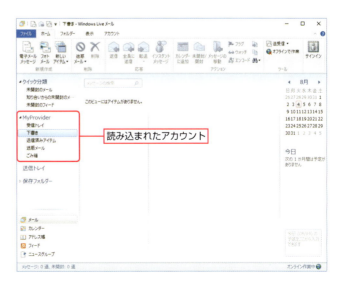

85

Part 4　メール関連の手作業でのお引越し

▶ **アドレス帳データをWindows Liveメールに読み込む**

バックアップしたアドレス帳のデータを、Windows 10パソコンのWindows Liveメールで読み込みます。

❶ Windows Liveメールを起動したら、「アドレス帳」を開きます。
「ホーム」タブの「インポート」から「Windowsアドレス帳」を選択します。

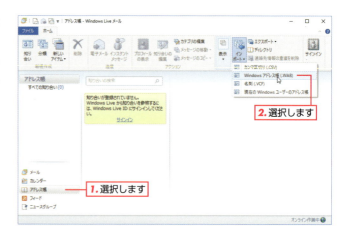

❷ バックアップメディア（ここでは「USB_001(E:)」）に保存したアドレス帳のデータを選択して、「開く」ボタンをクリックします。

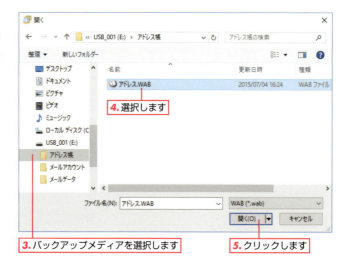

❸ 「OK」ボタンをクリックしてウィンドウを閉じます。
これで、アドレス帳のデータが読み込まれて利用できるようになります。

WindowsメールからWindows Liveメールへ

Vistaの標準メールアプリである「Windowsメール」は、Windows 10では「Windows Liveメール」へと変わりました。ここではWindowsメールからWindows Liveメールへの手作業によるデータ移行の方法について説明します。

移行できるのは3項目

　WindowsメールからWindows Liveメールに手作業で移行できるのは、次の3つになります。振り分けなどのメールルールなどは移行できないので、Windows Liveメールで再設定してください。

- メールデータ（送受信したメールの内容）
- アカウント（メールアドレスやパスワードなどメール送受信に関するデータ）
- アドレス帳

　これらのデータをUSBメモリーや外付けハードディスクなどのバックアップメディアに一度コピーしてから、Windows 10パソコンに移します。

Vistaパソコンでの作業

▶ メールデータのバックアップ

　Windowsメールのメールデータをバックアップメディアにコピーしましょう。
　手順としては、次のようになります。

1. Windowsメールを起動してメールデータを一度パソコンのわかりやすい場所に保存する
2. 保存したデータをバックアップメディアにコピーする

　バックアップメディアをパソコンに接続して、データをコピーできる準備をしてから作業するといいでしょう。

Part 4　メール関連の手作業でのお引越し

1 デスクトップ上に新しいフォルダを作成し、わかりやすい名称（ここでは「メールデータ」）に変更します。

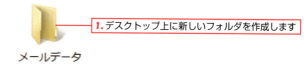

2 Windowsメールを起動し、「ファイル」メニューの「エクスポート」から「メッセージ」を選択します。

3 「Microsoft Windowsメール」を選択し、「次へ」ボタンをクリックします。

4 「参照」ボタンをクリックします。

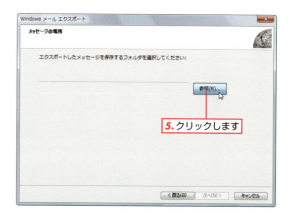

88

WindowsメールからWindows Liveメールへ **Section 4-2**

5 メールデータの保存場所を選択します。左側のリストで「デスクトップ」を選択し、右側に表示された「メールデータ」フォルダを選択します。「フォルダの選択」ボタンをクリックします。

6. 選択します　*7.* 選択します　*8.* クリックします

6 「次へ」ボタンをクリックします。

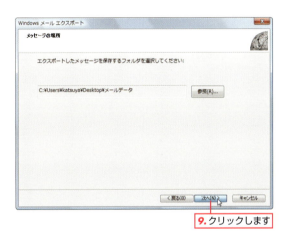

9. クリックします

7 「フォルダの選択」ダイアログボックスが表示されるので、書き出すフォルダを選択して「次へ」ボタンをクリックします。
「すべてのフォルダ」を選択すると、「ごみ箱」や「迷惑メール」フォルダなどの、不要なメールフォルダまで移行してしまいます。
「選択されたフォルダ」を選択して、下側のリストで Ctrl ＋クリックして、必要なフォルダだけを選択するようにしましょう。

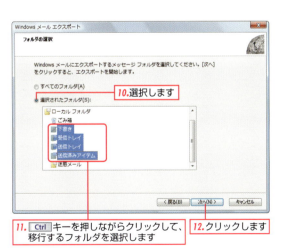

10. 選択します

11. Ctrl キーを押しながらクリックして、移行するフォルダを選択します　*12.* クリックします

89

Part 4　メール関連の手作業でのお引越し

8 「完了」ボタンをクリックすると、移行するデータの書き出しは完了です。

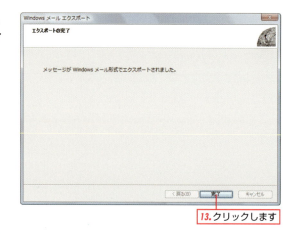

13. クリックします

9 デスクトップに作成されたフォルダには、メールのデータが保存されています。このフォルダをバックアップメディアにコピーします（ここでは「USB_001(E:)」を使っています）。

14. デスクトップのフォルダをバックアップメディアにコピーします

Point　警告が出る場合

バックアップメディアにUSBメモリーを使用する場合など、データをコピーする際に、「プロパティの損失」警告ダイアログボックスが表示される場合があります。この場合、最下部の「同じ処理を現在の項目すべてに適用」にチェックを入れてから「はい」ボタンをクリックしてください。
ここで警告表示されるプロパティが損失しても、メールデータは問題なく移行できます。

USBメモリーへのコピー時にこのダイアログボックスが表示される場合があります

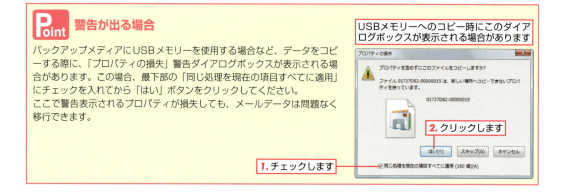

1. チェックします　　*2.* クリックします

これで、メールデータのバックアップは終了です。なお、バックアップした後にメールを送受信した場合は、そのデータは含まれません。ご注意ください。

ZOOM　Vistaパソコンを複数ユーザーでログインして使っている場合

Vistaパソコンを複数ユーザーでログインして使っている場合は、それぞれのユーザーごとに同じ手順でメールデータをバックアップしてください。

90

アカウント情報のバックアップ

Windowsメールのメールアドレスやメールサーバーを設定したアカウント情報も、バックアップして移行します。

1 Windowsメールを起動して、「ツール」メニューから「アカウント」を選択します。

2 バックアップするアカウントをリストから選択して、「エクスポート」ボタンをクリックします。

3 USBメモリーなどのバックアップメディアにバックアップ用のフォルダ（ここでは「メールアカウント」）を作成し、保存します。
一度、「マイドキュメント」などに保存して、そのデータをUSBメモリーなどのバックアップメディアにコピーしてもかまいません。

Part 4 メール関連の手作業でのお引越し

これで、アカウントのバックアップは終了です。「閉じる」ボタンをクリックしてダイアログボックスを閉じてください。

保存したアカウント情報は、「アカウント名.iaf」というファイルになります。

▶ **アドレス帳のバックアップ**

Windowsメールのアドレスのデータをバックアップします。Windowsメールの「アドレス帳」は、ユーザーフォルダの「アドレス帳」フォルダと同じなので、「アドレス帳」フォルダをコピーしましょう。

❶「スタート」メニューから「ユーザー名」を選択します。

❷「アドレス帳」フォルダをバックアップメディアにコピーします（ここでは「USB_001(E:)」を使っています）。

Windows 10パソコンでWindows Liveメールにデータを読み込む

　Vistaでバックアップした「メールデータ」「アカウント情報」「アドレス帳」の3つのデータを、Windows 10パソコンのWindows Liveメールに読み込みます。バックアップメディアをWindows 10パソコンに接続して作業してください。

Windows Liveメールについて

Windows Liveメールのダウンロードとインストールは、Section 3-2を参照してください。

▶ Windows 10のWindows Liveメールでメールデータを読み込む

　メールデータをWindows 10パソコンのWindows Liveメールに読み込みます。

1 スタートメニューから「Windows Live Mail」をクリックして起動します。
Windows Liveメールを最初に起動した際には「自分の電子メールアカウントを追加する」画面が起動しますが、「キャンセル」ボタンをクリックしてキャンセルしてください。

2 「ファイル」タブをクリックして、「メッセージのインポート」をクリックします。

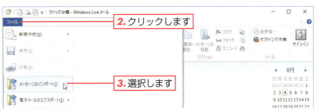

3 「プログラムの選択」ダイアログボックスが開くので、「Windowsメール」を選択して「次へ」ボタンをクリックします。

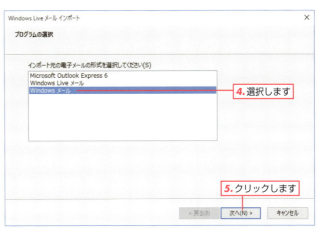

Part 4 メール関連の手作業でのお引越し

4 「参照」ボタンをクリックします。

5 メールデータを保存したバックアップメディア（ここでは「USB_001(E:)」）のフォルダーを選択して、「OK」ボタンをクリックします。

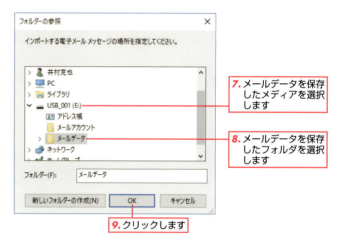

6 「次へ」ボタンをクリックします。

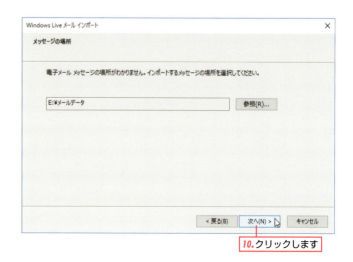

Windows メールから Windows Live メールへ Section 4-2

7 「フォルダーの選択」ダイアログボックスが開くので、「すべてのフォルダー」を選択して「次へ」ボタンをクリックします。
一部のフォルダーだけを読み込むには、「選択されたフォルダー」を選択して、下側のリストで Ctrl ＋クリックして選択してください。

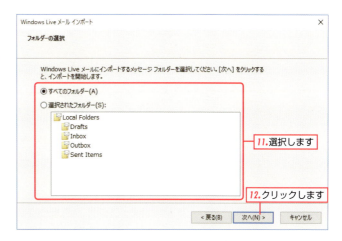

8 「完了」ボタンをクリックすると、読み込みは完了です。

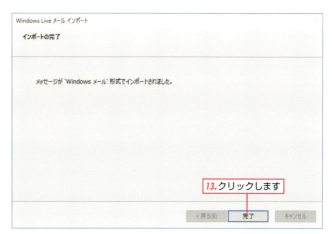

9 読み込まれたメールデータは、「インポートされたフォルダー」の中に読み込まれます。
管理しやすいように、フォルダーや中のメールデータをお好きなフォルダーに移動してください。

- Drafts：下書き
- Inbox：受信トレイ
- Outbox：送信トレイ
- Sent Items：送信済みアイテム

となります。

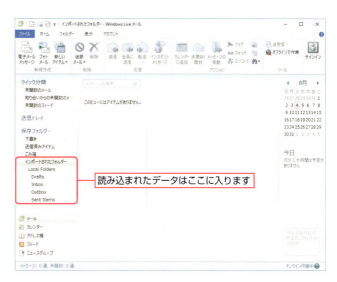

95

Part 4　メール関連の手作業でのお引越し

▶ **Windows 10のWindows Liveメールでアカウントデータを読み込む**

　Windows 10のWindows Liveメールで、バックアップメディアからアカウントデータを読み込みます。読み込むと、そのアカウントでメールの送受信が可能になります。

❶ Windows Liveメールを起動して「ファイル」タブをクリックし、「オプション」から「電子メールアカウント」を選択します。

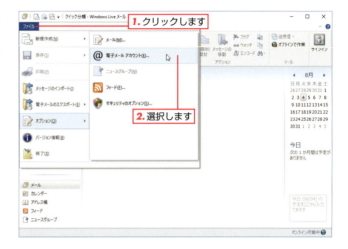

❷「アカウント」ダイアログボックスが開くので、「インポート」ボタンをクリックします。

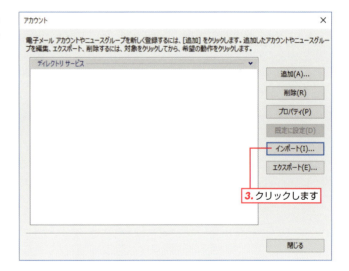

3 バックアップメディア（ここでは「USB_001(E:)」）に保存したアカウントデータを選択して、「開く」ボタンをクリックします。

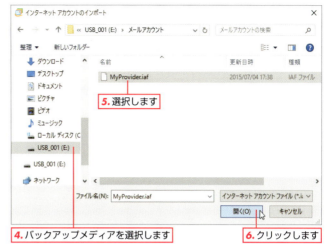

4 「アカウント」ダイアログボックスにWindowsメールのアカウント情報が読み込まれて利用できるようになりました。
「閉じる」ボタンをクリックしてダイアログボックスを閉じます。
複数のアカウントを使う場合は、それぞれのアカウントを同じ手順で読み込んでください。

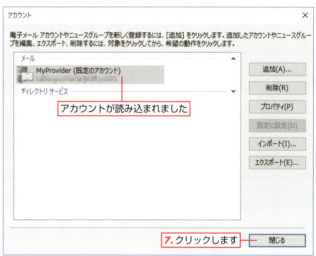

5 読み込まれたアカウントの送受信データは、サイドバーに表示されます。

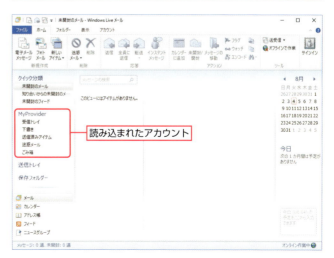

Part 4　メール関連の手作業でのお引越し

▶「アドレス帳」のデータをWindows Liveメールに読み込む

　バックアップした「アドレス帳」のデータを、Windows 10パソコンのWindows Liveメールに移行します。はじめに、ユーザーフォルダーの「アドレス帳」にデータをコピーし、そのデータをWindows Liveメールの「アドレス帳」に読み込みます。

◆Windows 10の「アドレス帳」フォルダーにコピーする

　はじめに、ユーザーフォルダーの「アドレス帳」に、Vistaからのデータをコピーします。

1 エクスプローラーを起動して、「PC」＞「ローカルディスク(C:)」＞「ユーザー」＞「ユーザー名」＞「アドレス帳」の順でフォルダーを開きます。

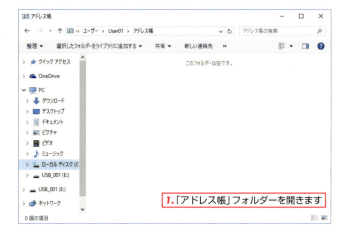

2 もう一つエクスプローラー画面を表示し、バックアップメディアに保存した「アドレス帳」のデータがあるフォルダーを開きます。
保存した「アドレス帳」のデータを、手順**1**で開いたフォルダーにドラッグしてコピーします。

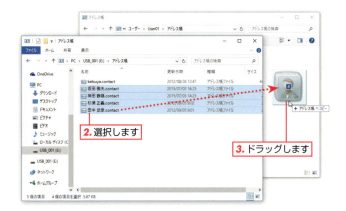

98

◆Windows Live メールのアドレス帳に読み込む

「アドレス帳」フォルダーにコピーしたデータを、Windows Live メールに読み込みます。

1 Windows Live メールを起動したら、左側の「アドレス帳」をクリックします。
「ホーム」タブの「インポート」から「現在のWindowsユーザーのアドレス帳」を選択します。

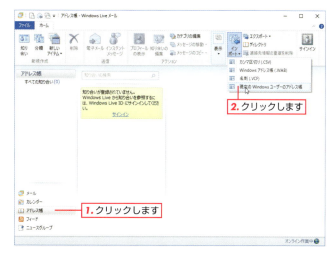

2 「OK」ボタンをクリックします。

3 「アドレス帳」にデータが読み込まれました。

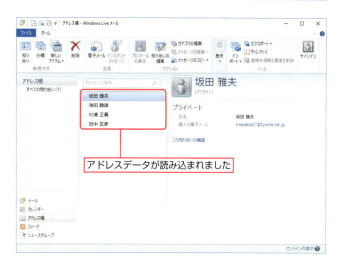

Part 4 メール関連の手作業でのお引越し

Section 4-3 Windows LiveメールからWindows Liveメールへ

「Windows Liveメール」からWindows 10のWindows Liveメールへデータ移行の方法について説明します。

移行できるのは3項目

Windows LiveメールからWindows Liveメールに移行できるのは、次の3つになります。振り分けなどのメールルールなどは移行できないので、Windows Liveメールで再設定してください。

- メールデータ（送受信したメールの内容）
- アカウント（メールアドレスやパスワードなどメール送受信に関するデータ）
- アドレス帳

これらのデータをUSBメモリーや外付けハードディスクなどのバックアップメディアに一度コピーしてから、Windows 10パソコンに移します。

元のパソコンでの作業

▶ メールデータのバックアップ

Windows Liveメールのメールデータをバックアップメディアにコピーしましょう。
手順としては、次のようになります。

1. Windows Liveメールを起動してメールデータを一度パソコンのわかりやすい場所に保存する
2. 保存したデータをバックアップメディアにコピーする

バックアップメディアをパソコンに接続して、データをコピーできる準備をしてから作業するといいでしょう。

1 デスクトップ上に新しいフォルダーを作成し、わかりやすい名称（ここでは「メールデータ」）に変更します。

メールデータ

1. デスクトップ上に新しいフォルダを作成します

100

Windows LiveメールからWindows Liveメールへ **Section 4-3**

2 Windows Liveメールを起動します。「Windows Liveメール」タブをクリックし、「電子メールのエクスポート」から「電子メールメッセージ」を選択します。

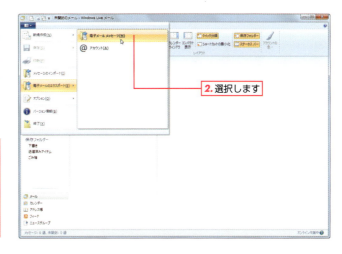

Point　Windows Liveメール 2009以前では
「ファイル」メニューの「エクスポート」から「メッセージ」を選択します。「ファイル」メニューが表示されていない場合は、F10 キーを押してください。

3 「Microsoft Windows Live メール」を選択し、「次へ」ボタンをクリックします。

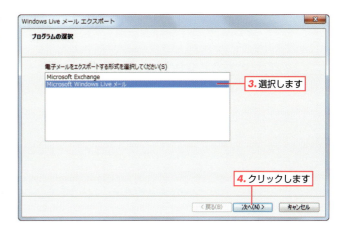

4 「参照」ボタンをクリックします。

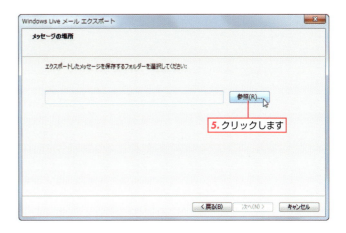

101

Part 4 メール関連の手作業でのお引越し

5 メールデータの保存場所を選択します。リストから「デスクトップ」にある「メールデータ」を選択し、「OK」ボタンをクリックします。

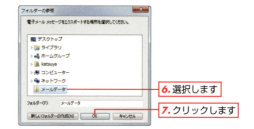

6 「次へ」ボタンをクリックします。

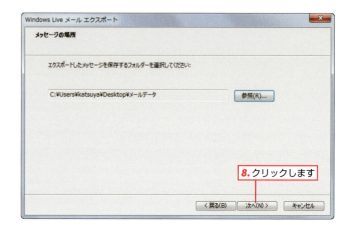

7 「フォルダーの選択」ダイアログボックスが表示されるので、書き出すフォルダーを選択して、「次へ」ボタンをクリックします。
「すべてのフォルダー」を選択すると、「ごみ箱」や「迷惑メール」フォルダーなどの不要なメールフォルダーまで移行してしまいます。
「選択されたフォルダー」を選択して、下側のリストで Ctrl ＋クリックして、必要なフォルダーだけを選択するようにしましょう。

102

Windows LiveメールからWindows Liveメールへ **Section 4-3**

8「完了」ボタンをクリックすると、移行するデータの書き出しは完了です。

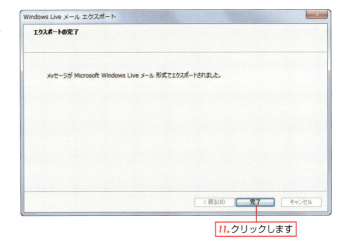

11. クリックします

9 デスクトップに作成されたフォルダーには、メールデータが保存されています。このフォルダーをバックアップメディアにコピーします（ここでは「USB_001(E:)」を使っています）。

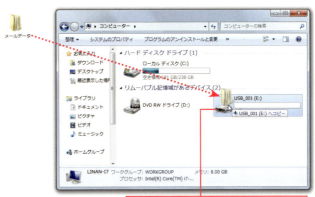

12. デスクトップのフォルダをバックアップメディアにコピーします

Point 複数ユーザーでログインして使っている場合

複数ユーザーでログインして使っている場合は、それぞれのユーザーごとに同じ手順でメールデータをバックアップしてください。

Point 警告が出る場合

バックアップメディアにUSBメモリーを使用する場合など、データをコピーする際に、「プロパティの損失」警告ダイアログボックスが表示される場合があります。この場合、最下部の「同じ処理を現在の項目すべてに適用」にチェックを入れてから「はい」ボタンをクリックしてください。
ここで警告表示されるプロパティが損失しても、メールデータは問題なく移行できます。

1. チェックします　*2.* クリックします

Part 4　メール関連の手作業でのお引越し

▶ アカウント情報のバックアップ

　Windows Liveメールのメールアドレスやメールサーバーを設定したアカウント情報も、バックアップして移行します。

1 Windows Liveメールを起動して、「Windows Liveメール」タブをクリックし、「電子メールのエクスポート」から「アカウント」を選択します。

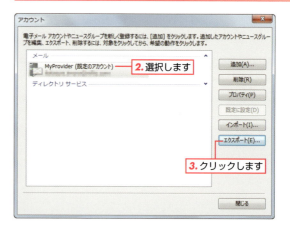

Point　Windows Liveメール 2009以前では
「ファイル」メニューの「エクスポート」から「アカウント」を選択します。

2 バックアップするアカウントをリストから選択して、「エクスポート」ボタンをクリックします。

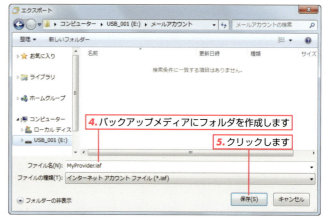

3 USBメモリーなどのバックアップメディアにバックアップ用のフォルダー（ここでは「メールアカウント」）を作成し、保存します。
一度「ドキュメント」フォルダーなどに保存して、そのデータをUSBメモリーなどのバックアップメディアにコピーしてもかまいません。

　これで、アカウントのバックアップは終了です。「閉じる」ボタンをクリックしてダイアログボックスを閉じてください。

　保存したアカウント情報は、「アカウント名.iaf」というファイルになります。

104

Windows LiveメールからWindows Liveメールへ Section 4-3

 アドレス帳のバックアップ

Windows Liveメールのアドレス帳のデータをバックアップします。

1 Windows Liveメールのアドレス帳を開きます。
移行するアドレスをすべて選択します。`Ctrl`+`A`キーを押すと、すべてのアドレスを選択できます。
アドレスを選択したら、「ホーム」タブの「エクスポート」から「名刺(.VCF)」を選択します。

1. 移行するアドレスデータを選択します
2. 選択します

Point Windows Liveメール 2009以前では
アドレスのデータを選択後、「ファイル」メニューの「エクスポート」から「名刺(.VCF)」を選択します。

2 「フォルダーの参照」ダイアログボックスが開くので、USBメモリーなどのバックアップメディアにバックアップ用のフォルダー(ここでは「アドレス帳」)を作成し、「OK」ボタンをクリックして保存します。

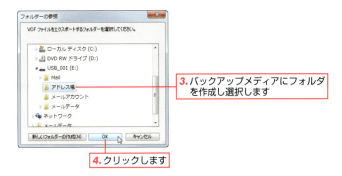

3. バックアップメディアにフォルダを作成し選択します
4. クリックします

これで、アドレス帳のバックアップは終了です。

Windows 10パソコンでWindows Liveメールにデータを読み込む

旧パソコンのWindows Liveメールからバックアップした「メールデータ」「アカウント情報」「アドレス帳」の3つのデータを、Windows 10パソコンのWindows Liveメールに読み込みます。
バックアップメディアをWindows 10パソコンに接続して作業してください。

▶ Windows 10でメールデータを読み込む

メールデータをWindows 10パソコンのWindows Liveメールに読み込みます。

105

Part 4 メール関連の手作業でのお引越し

1 スタートメニューから「Windows Live Mail」をクリックして起動します。
Windows Liveメールを最初に起動した際には「自分の電子メールアカウントを追加する」画面が起動しますが、「キャンセル」ボタンをクリックしてキャンセルしてください。

2 「ファイル」タブをクリックして「メッセージのインポート」をクリックします。

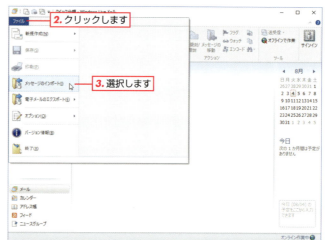

3 「プログラムの選択」ダイアログボックスが開くので、「Windows Liveメール」を選択して「次へ」ボタンをクリックします。

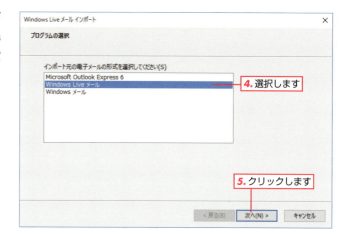

106

Windows LiveメールからWindows Liveメールへ **Section 4-3**

4 「参照」ボタンをクリックします。

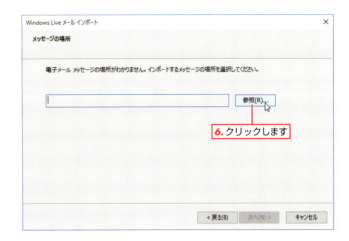

5 メールデータを保存したバックアップメディア（ここでは「USB_001(E:)」）のフォルダー（ここでは「メールデータ」）を選択して、「OK」ボタンをクリックします。

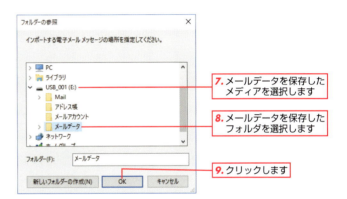

6 「次へ」ボタンをクリックします。

107

Part 4　メール関連の手作業でのお引越し

7「フォルダーの選択」ダイアログボックスが開くので、「すべてのフォルダー」を選択して「次へ」ボタンをクリックします。
一部のフォルダーだけを読み込むには、「選択されたフォルダー」を選択して、下側のリストで Ctrl ＋クリックして選択してください。

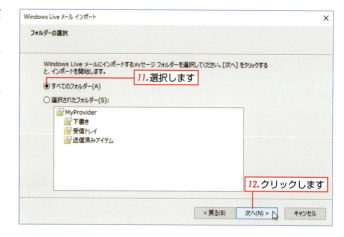

11. 選択します
12. クリックします

8「完了」ボタンをクリックすると、読み込みは完了です。

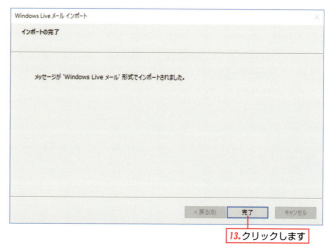

13. クリックします

9 読み込まれたメールデータは、「インポートされたフォルダー」の中に読み込まれます。管理しやすいように、フォルダーや中のメールデータをお好きなフォルダーにドラッグして移動してください。

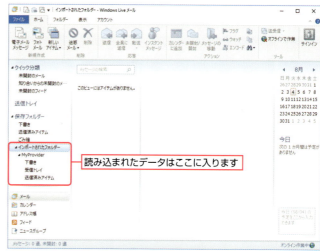

読み込まれたデータはここに入ります

Windows LiveメールからWindows Liveメールへ **Section 4-3**

▶ Windows 10のWindows Liveメールでアカウントデータを読み込む

　Windows 10のWindows Liveメールで、バックアップメディアからアカウントデータを読み込みます。読み込むと、そのアカウントでメールの送受信が可能になります。

1 Windows Liveメールを起動して「ファイル」タブをクリックし、「オプション」から「電子メールアカウント」を選択します。

2 「アカウント」ダイアログボックスが開くので、「インポート」ボタンをクリックします。

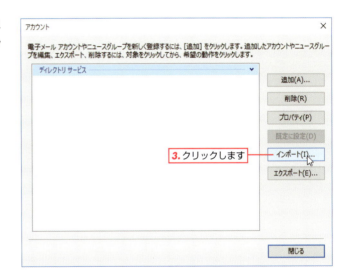

3 バックアップメディア（ここでは「USB_001(E:)」）に保存したアカウントデータを選択して、「開く」ボタンをクリックします。

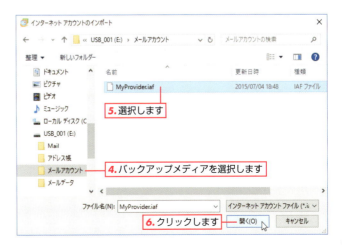

109

Part 4　メール関連の手作業でのお引越し

4 「アカウント」ダイアログボックスにアカウント情報が読み込まれて利用できるようになりました。
「閉じる」ボタンをクリックしてダイアログボックスを閉じます。
複数のアカウントを使う場合は、それぞれのアカウントを同じ手順で読み込んでください。

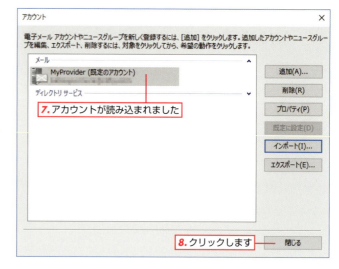

5 読み込まれたアカウントの送受信データは、サイドバーに表示されます。

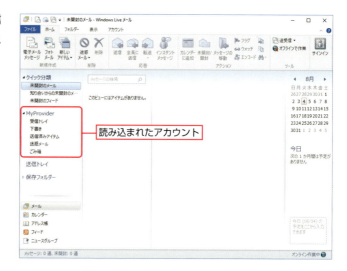

110

Windows LiveメールからWindows Liveメールへ **Section 4-3**

▶「アドレス帳」データをWindows Liveメールに読み込む

　バックアップした「アドレス帳」データをWindows 10パソコンのWindows Liveメールに移行します。

1 Windows Liveメールのアドレス帳を開きます。
「ホーム」タブの「インポート」から「名刺（.VCF）」を選択します。

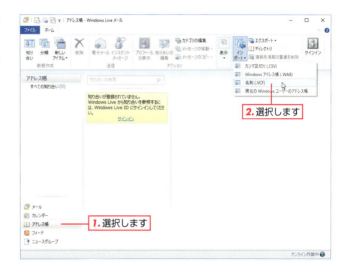

1. 選択します
2. 選択します

2 バックアップメディアに保存した「アドレス帳」データを選択して、「開く」ボタンをクリックします。
Ctrl ＋ A キーを押すと、すべてのアドレス帳データを選択できます。

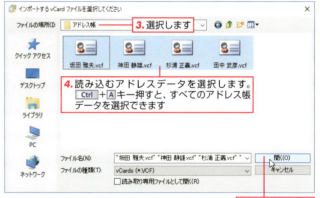

3. 選択します
4. 読み込むアドレスデータを選択します。Ctrl ＋ A キー押すと、すべてのアドレス帳データを選択できます
5. クリックします

3 「アドレス帳」にデータが読み込まれました。

アドレスデータが読み込まれました

111

Part 4　メール関連の手作業でのお引越し

Outlook同士のデータのお引越し

Microsoft Officeに含まれるOutlookは、メール以外にスケジュール管理等もでき、企業で導入していることも多いので、ご家庭で使用しているユーザーも多いでしょう。ここでは、Outlookのデータの移行方法について説明します。

Outlookのデータを書き出す

　XP/Vista/7/8/8.1パソコンで動作しているOutlookのメールデータやアドレス帳データを、USBメモリーなどのバックアップメディアに書き出します。

　ここでは、Outlook 2007のメールやスケジュールなどのデータを手作業で転送する方法について説明していますが、Outlook 2003/2010/2013でも手順は同じです。

1 Outlookを起動し、「ファイル」メニューから「インポートとエクスポート」を選択します。

Point　Surfaceの場合

Surface RTのWindows RTでも同様にコピーしてください。

Point　Outlook 2010/2013の場合

Outlook 2010では「ファイル」タブの「開く」を選択し、「インポート」をクリックします。
Outlook 2013では、「ファイル」タブの「開く/エクスポート」を選択し、「インポート/エクスポート」をクリックします。

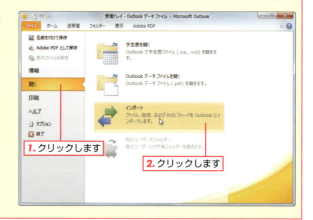

Outlook同士のデータのお引越し **Section 4-4**

2「ファイルにエクスポート」を選択して、「次へ」ボタンをクリックします。

3「個人用フォルダファイル(pst)」を選択して、「次へ」ボタンをクリックします。

4 書き出すフォルダを選択します。ここでは、すべてのデータを書き出すので「個人用フォルダ」を選択します。「サブフォルダを含む」にチェックをつけて、「次へ」ボタンをクリックします。
ここで、「受信トレイ」だけのように、フォルダごとに書き出すこともできます。

5 ファイルの保存場所の指定ダイアログボックスに変わるので、「参照」ボタンをクリックします。

113

Part 4 メール関連の手作業でのお引越し

6 保存場所を選択して、「OK」ボタンをクリックします。バックアップメディア（ここでは「USB_001 (E:)」）に作成した「outlook」フォルダーを保存場所に指定しています。

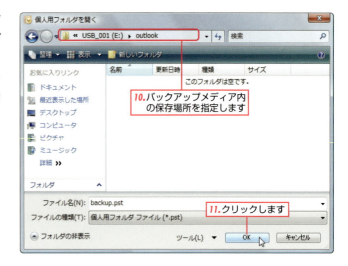

7 「完了」ボタンをクリックします。

8 「個人用フォルダの作成」ダイアログボックスが表示されるので、「OK」ボタンをクリックします。Outlook 2003の場合、「暗号化の設定」は「暗号化しない」を選択してください。

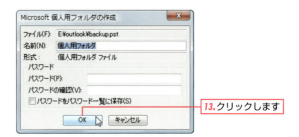

移動先のパソコンでの操作

▶ 新しいプロファイルを作成する

　Outlookでは、メールアドレス等のアカウントデータを保管したプロファイルを移行することができないため、メールアドレスやパスワードは起動時に設定する必要があります。

　Outlookを起動した際に、メールアドレスやパスワードを入力して、新しいプロファイルを作成します。メールアドレスやメールパスワードは、ご利用のプロバイダからの通知書などを見て入力してください。

　画面はOutlook 2013ですが、Outlook 2007/2010でもほぼ同様の手順で操作してください。

1 Outlookを起動します。初めて起動した際には、スタートアップ画面が開くので、「次へ」ボタンをクリックします。

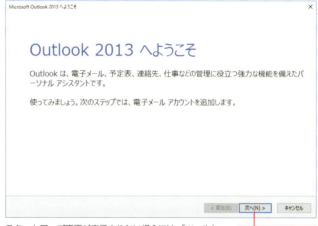

スタートアップ画面が表示されない場合には、「ツール」メニューの「アカウント設定」を選択し、「電子メール」パネルで「新規」をクリックして設定してください。

1. クリックします

2 「アカウントの設定」ウィザードで「はい」を選択して、「次へ」ボタンをクリックします。

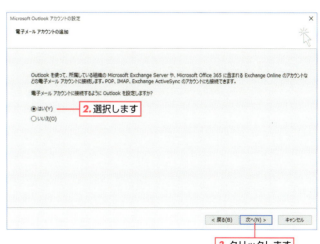

2. 選択します

3. クリックします

Part 4　メール関連の手作業でのお引越し

3 名前、電子メールアドレス、パスワードを設定して、「次へ」ボタンをクリックします。

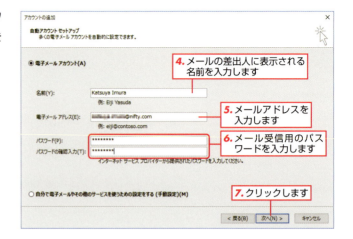

4.メールの差出人に表示される名前を入力します
5.メールアドレスを入力します
6.メール受信用のパスワードを入力します
7.クリックします

4 問題なくサーバー接続が行われると、この画面が表示されるので、「完了」ボタンをクリックします。

8.クリックします

これでアカウントの設定は終了です。

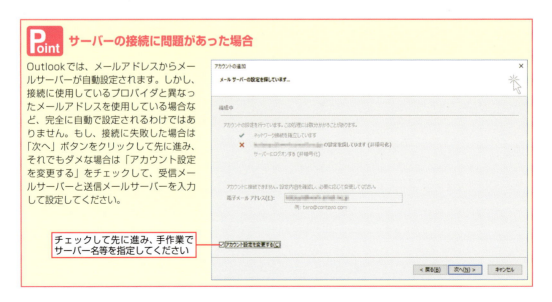

Point　サーバーの接続に問題があった場合

Outlookでは、メールアドレスからメールサーバーが自動設定されます。しかし、接続に使用しているプロバイダと異なったメールアドレスを使用している場合など、完全に自動で設定されるわけではありません。もし、接続に失敗した場合は「次へ」ボタンをクリックして先に進み、それでもダメな場合は「アカウント設定を変更する」をチェックして、受信メールサーバーと送信メールサーバーを入力して設定してください。

チェックして先に進み、手作業でサーバー名等を指定してください

Outlook同士のデータのお引越し Section 4-4

▶ Outlookのデータを読み込む

古いパソコンで書き出したOutlookデータを、新しいパソコンのOutlookで読み込みましょう。

■1 「ファイル」タブをクリックし、「開く/エクスポート」から「インポート/エクスポート」をクリックします。Outlook 2010では「ファイル」タブをクリックし、「開く」から「インポート/エクスポート」をクリックします。Outlook 2007では、「ファイル」メニューから「インポートとエクスポート」を選択します。

■2 「他のプログラムまたはファイルからのインポート」を選択して、「次へ」ボタンをクリックします。

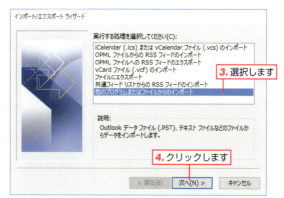

■3 「Outlookデータファイル(.pts)」(Outlook 2007では「個人用フォルダファイル(.pst)」)を選択して、「次へ」ボタンをクリックします。

■4 読み込むファイルの指定画面に変わるので、「参照」ボタンをクリックします。

117

Part 4　メール関連の手作業でのお引越し

5 保存場所を選択します。バックアップメディアに保存した古いパソコンのOutlookから書き出したファイルを選択して、「開く」ボタンをクリックします。

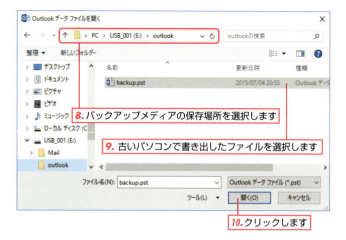

8. バックアップメディアの保存場所を選択します
9. 古いパソコンで書き出したファイルを選択します
10. クリックします

6 「重複した場合、インポートするアイテムと置き換える」を選択して、「次へ」ボタンをクリックします。

11. 選択します
12. クリックします

7 読み込むフォルダーと読み込み先のフォルダーを選択して、「完了」ボタンをクリックします。

13. 選択します
14. チェックします
15. チェックします
16. クリックします

118

Outlook同士のデータのお引越し **Section 4-4**

8 メールデータやアドレス帳、仕事や予定表など、Outlookデータが読み込まれました。

データが読み込まれました

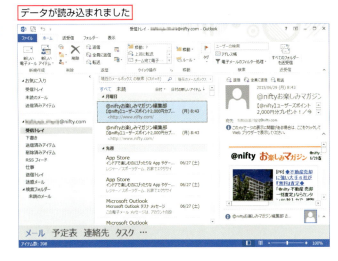

Point 仕分けルールの移行

Outlookでは「仕分けルール」も簡単な方法で移行できます（Outlook 2003では「仕訳」、2007では「仕分け」と表記されます）。
Outlook 2003/2007を起動して、「ツール」メニューから「仕分けルールと通知」を選択します。Outlook 2010/2013では、「ファイル」タブの「情報」を選択して「仕分けルールと通知の管理」をクリックします。
「仕分けルールと通知」ダイアログボックスが開いたら、「電子メールの仕分けルール」タブを選択して「オプション」ボタンをクリックします。
「オプション」ダイアログボックスが開くので、ルールを書き出す場合は「仕分けルールをエクスポート」ボタン、書き出したルールデータを読み込む場合は「仕分けルールをインポート」ボタンをクリックします。

1.「仕分けルールと通知」ダイアログボックスを開きます

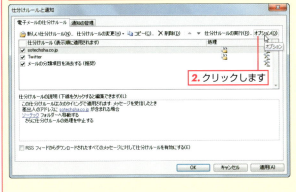

2. クリックします

3. 移動元のOutlookでは「仕分けルールをエクスポート」をクリックしてルールを書き出します

4. 移動先のOutlookでは「仕分けルールをインポート」をクリックして移動元Outlookで書き出したルールデータを読み込みます

なお、仕分けルールは、メールをどのフォルダーに保存するかなどが定義されているため、移動先のOutlookで移行前と同じフォルダがないとエラーになります。エラーが発生した場合は、手作業で修正してください。

119

Part 4　メール関連の手作業でのお引越し

Section 4-5　Windows 10のOutlookに乗り換える

XPでOutlook Express、VistaでWindowsメール、7/8/8.1でWindows Liveメールを使っていたユーザーが、Windows 10パソコンにプレインストールされているOutlookにお引越しする方法について説明します。

Windows Liveメールを経由してOutlookに移行する

　Microsoft OfficeがプレインストールされているWindows 10パソコンの購入を機に、Outlookに乗り換えるユーザーも多いと思います。

　XPのOutlook Express、VistaのWindowsメール、そしてWindows Liveメール、いずれも同じパソコンにインストールされているOutlookにデータを移行することはできるのですが、他のパソコンのOutlookに移行するためにデータをファイルとして書き出すことができません。

　そのため、一度、古いパソコンのメールデータやアドレス帳をWindows 10パソコンで稼働しているWindows Liveメールに移行し、それからWindows Liveメール経由してOutlookに移行するという手順になります。

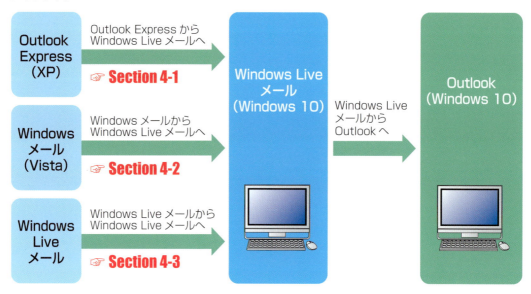

移行できるのは2項目

　Windows LiveメールからOutlookに移行できるのは、次の2つになります。

- メールデータ（送受信したメールの内容）
- アドレス帳

Windows 10のOutlookに乗り換える **Section 4-5**

　これらのデータを一度、USBメモリや外付けハードディスクなどのバックアップメディアに一度コピーしてからWindows 10のWindows Liveメールに移行し、それからOutlookに移行します。
　Windows Liveメールへの移行方法は、次ページ以降を参照してください。

Windows Liveメールに移行する

　古いパソコンからWindows 10のWindows Liveメールへのお引越しは、下記の**Section**を参考にして行ってください。Windows 10のWindows Liveメールでメールの送受信をしないのであれば、メールアカウントのお引越しは必要ありません。

- Outlook ExpressからWindows Liveメールへ　☞ **Section 4-1**
- WindowsメールからWindows Liveメールへ　☞ **Section 4-2**
- Windows LiveメールからWindows Liveメールへ　☞ **Section 4-3**

Outlookでアカウントを設定する

　Outlookでは、メールアドレス等のアカウントデータを保管したプロファイルを移行することができないため、メールアドレスやパスワードは起動時に設定する必要があります。
　Outlookを起動した際に、メールアドレスやパスワードを入力して、新しいプロファイルを作成します。メールアドレスやメールパスワードは、ご利用のプロバイダからの通知書などを見て入力してください。
　画面はOutlook 2013ですが、Outlook 2007/2010でもほぼ同様の手順で操作してください。

1 Outlookを起動します。初めて起動した際には、スタートアップ画面が開くので、「次へ」ボタンをクリックします。

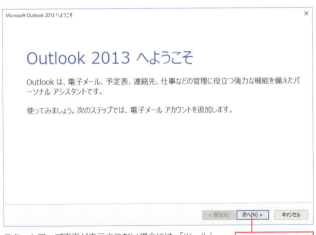

スタートアップ画面が表示されない場合には、「ツール」メニューの「アカウント設定」を選択し、「電子メール」パネルで「新規」をクリックして設定してください。

1. クリックします

121

Part 4　メール関連の手作業でのお引越し

2「アカウントの設定」ウィザードで「はい」を選択して、「次へ」ボタンをクリックします。

3 名前、電子メールアドレス、パスワードを設定して、「次へ」ボタンをクリックします。

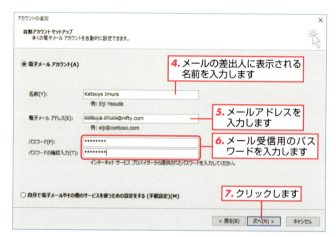

4 問題なくサーバー接続が行われると、この画面が表示されるので「完了」ボタンをクリックします。

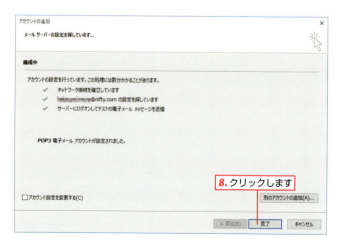

これでアカウントの設定は終了です。Outlookが起動した状態のまま、次の手順に進んでください。

Windows 10のOutlookに乗り換える **Section 4-5**

Point サーバーの接続に問題があった場合

Outlookでは、メールアドレスからメールサーバーが自動設定されます。しかし、接続に使用しているプロバイダと異なったメールアドレスを使用している場合など、完全に自動で設定されるわけではありません。もし、接続に失敗した場合は「次へ」ボタンをクリックして先に進み、それでもダメな場合は「アカウント設定を変更する」をチェックして、受信メールサーバーと送信メールサーバーを入力して設定してください。

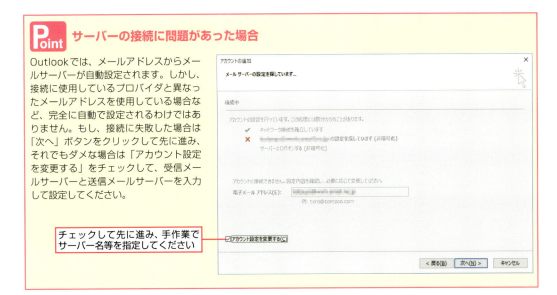

チェックして先に進み、手作業でサーバー名等を指定してください

Windows LiveメールからOutlookにメールデータをお引越し

1 Windows Liveメールを起動します。「Windows Liveメール」タブをクリックし、「電子メールのエクスポート」から「電子メールメッセージ」を選択します。

1. 選択します

2 「Microsoft Exchange」を選択し、「次へ」ボタンをクリックします。

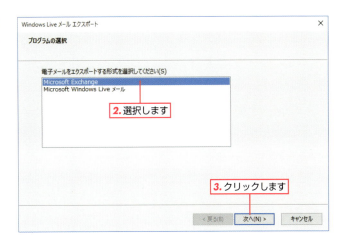

2. 選択します

3. クリックします

123

3 「OK」ボタンをクリックします。

4 「フォルダーの選択」ダイアログボックスが表示されるので、「選択されたフォルダー」を選択します。「インポートされたフォルダー」の中に、前のパソコンから取り込んだメールデータが入っているので、Ctrl＋クリックでOutlookに移行するフォルダーを選択して、「OK」ボタンをクリックします。

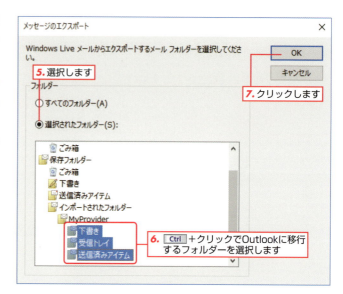

5 「完了」ボタンをクリックします。これで完了です。

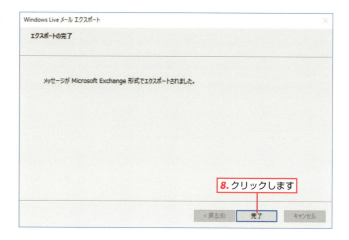

Windows 10のOutlookに乗り換える **Section 4-5**

6 Outlookでメールデータが取り込まれているか確認します。

「Windowsメール」からのデータは、下記のフォルダー名で取り込まれます。

- Drafts：下書き
- Inbox：受信トレイ
- Outbox：送信トレイ
- Sent Items：送信済みアイテム

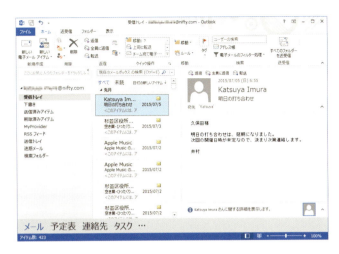

Windows LiveメールからOutlookにアドレスをお引越し

アドレス帳のお引越しは、2通りの方法があります。件数に応じて選択してください。

▶ 件数が少ない場合

Outlookに取り込んだ後に、アドレス帳の名刺データがすべてウィンドウに表示されるので、すべてのウィンドウを閉じる必要があります。件数が少ない場合にはこちらの方法が便利です。

1 Windows Liveメールのアドレス帳を開きます。
「ホーム」タブの「エクスポート」から「名刺(.VCF)」を選択します。

1.選択します

125

Part 4 メール関連の手作業でのお引越し

2 「フォルダーの参照」ダイアログボックスが開くので、デスクトップなどにフォルダー（ここでは「アドレス」）を作成し、「OK」ボタンをクリックして保存します。

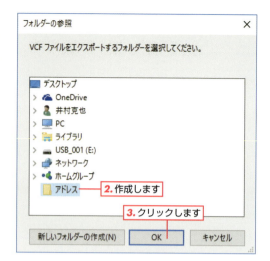

3 Outlookを起動して、「連絡先」を表示します。
手順2で作成したフォルダーを開き、書き出された名刺（.vcf）のファイルを Ctrl + A キーですべて選択し、Outlookの連絡先にドラッグします。

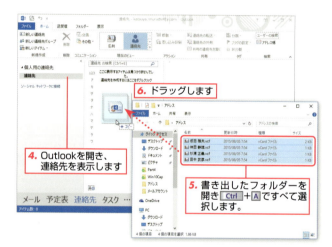

4 Outlookにドラッグした名刺データがすべて表示されるので、すべての画面を「保存して閉じる」ボタンをクリックして閉じます。

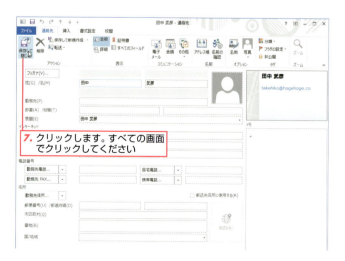

Windows 10のOutlookに乗り換える Section 4-5

5 連絡先が取り込まれたことを確認します。

▶ **件数が多い場合**

アドレス帳の件数が多い場合、CSV形式のデータでOutlookに移行します。ファイルの文字コードを変換する必要があるので、手順が長くなります。

◆ Windows Live メールで書き出す

1 Windows Liveメールのアドレス帳を開きます。
「ホーム」タブの「エクスポート」から「カンマ区切り（.CSV）」を選択します。

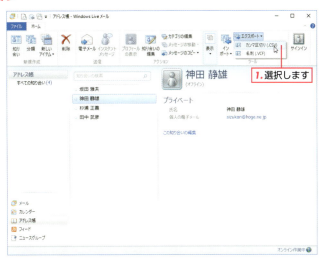

Part 4 メール関連の手作業でのお引越し

2「CSVのエクスポート」ダイアログボックスが開くので、「参照」ボタンをクリックします。

3「名前を付けて保存」ダイアログボックスが開くので、アドレス帳データの保存場所を選択します（ここではデスクトップに「アドレス」を作成しています）。
ファイル名（ここでは「アドレス帳」）を入力し、「保存」ボタンをクリックします。

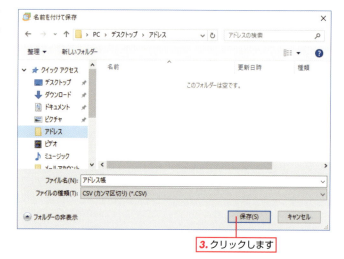

4「次へ」ボタンをクリックします。

Windows 10のOutlookに乗り換える **Section 4-5**

5 「名」と「姓」にチェックを付けて「名前」のチェックを外し、「完了」ボタンをクリックします。

◆CSVファイルの文字コードを変更する

1 スタートメニューから「メモ帳」を起動します。
「メモ帳」は、「すべてのアプリ」＞「Windowsアクセサリ」に入っています。

2 「メモ帳」の画面に書き出したCSVファイルをドラッグして開きます。

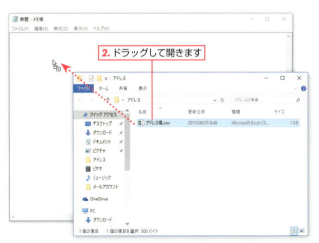

129

Part 4 メール関連の手作業でのお引越し

3 「ファイル」メニューの「名前を付けて保存」を選択します。

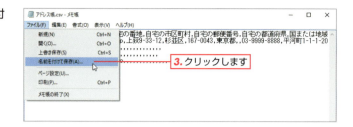

4 「名前を付けて保存」ダイアログボックスが開いたら、「文字コード」を「ANSI」に変更して「保存」ボタンをクリックします。

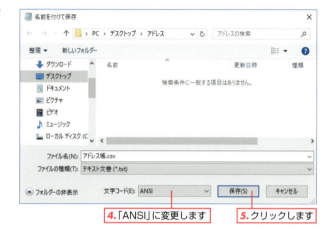

5 「名前を付けて保存の確認」ダイアログボックスが表示されるので、「はい」ボタンをクリックします。

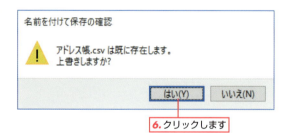

◆ Outlook で取り込む

1 Outlookを起動します。「ファイル」タブの「開く/エクスポート」を選択し、「インポート/エクスポート」ボタンをクリックします。

2 「他のプログラムまたはファイルからのインポート」を選択し、「次へ」ボタンをクリックします。

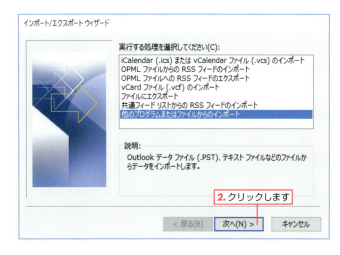

3 「テキストファイル（カンマ区切り）」を選択し、「次へ」ボタンをクリックします。

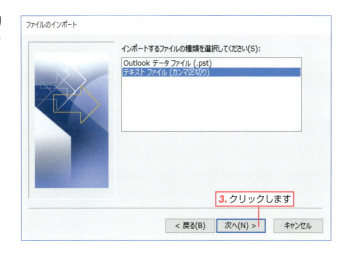

4 「参照」ボタンをクリックして、取り込むアドレス帳データを選択します。
「重複した場合、インポートするアイテムと置き換える」を選択し、「次へ」ボタンをクリックします。

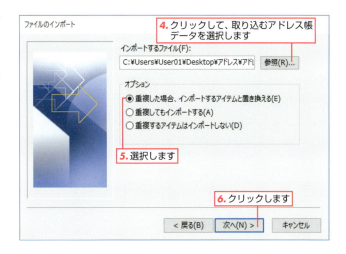

5 インポート先のフォルダーに「連絡先」が選択されていることを確認し、「次へ」ボタンをクリックします。

6 「完了」ボタンをクリックします。

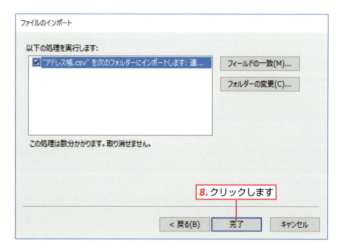

7 連絡先が取り込まれたことを確認します。

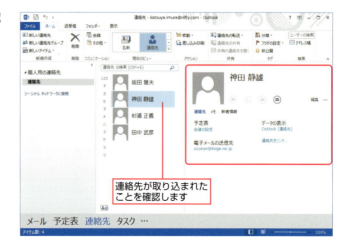

Windows 10でプロバイダのメールを受信する **Section 4-6**

Section 4-6 Windows 10でプロバイダのメールを受信する

Windows 10からは、ストアアプリの「メール」でPOP対応のプロバイダのメールを受信できるようになりました。ここでは「メール」での設定方法を紹介します。

プロバイダメールの受信設定

「メール」アプリに設定するメールアドレス、ユーザーID、パスワードは、ご利用のプロバイダからの通知書などを見て入力してください。

Point 移行はできません

Windows 10の「メール」アプリがPOPメールの受信が可能になりましたが、前のパソコンからデータやアドレス帳の移行はできません。
以前のメールを引き続き利用するには、Windows Liveメールをご利用ください。

1「メール」アプリを起動し、「アカウントの追加」をクリックします。

1. クリックします

Point すでに利用している場合

すでに「メール」アプリを利用している場合、「設定」アイコン ⚙ をクリックし、「アカウント」をクリックします。

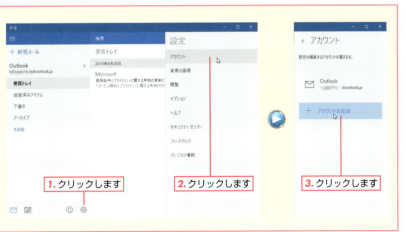

1. クリックします　2. クリックします　3. クリックします

133

2 「詳細セットアップ」をクリックします。

3 「インターネットメール」をクリックします。

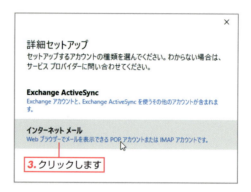

4 「アカウント名」には、プロバイダ名などを入力します。
「表示名」には、メールの送信者の名称を入力します。
「受信メールサーバー」には、プロバイダの受信メールサーバーの名称を入力します。
「アカウントの種類」には、「POP3」を選択します。

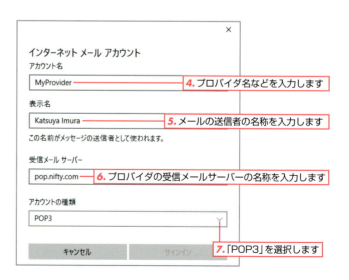

Windows 10でプロバイダのメールを受信する **Section 4-6**

5 下にスクロールして、設定を続けます。
「ユーザー名」には、プロバイダでのメールのユーザー名を入力します。
「パスワード」には、メールのパスワードを入力します。
「送信（SMTP）メールサーバー」には、プロバイダの送信メールサーバーの名称を入力します。

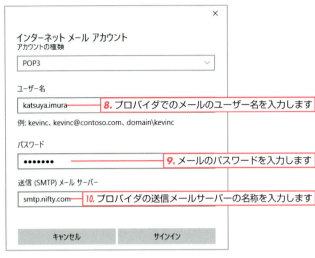

6 さらに下にスクロールして、設定を続けます。
「送信サーバは認証が必要」「メールの送信に同じユーザー名とパスワードを使う」「受信メールにSSLを使う」「送信メールにSSLを使う」で、該当する項目にチェックを付けます。
終了したら、「サインイン」をクリックします。

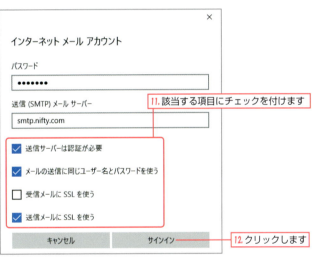

7 正しく設定できたら、「完了」をクリックします。

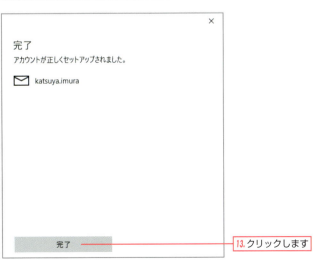

135

Part 4　メール関連の手作業でのお引越し

▶ 設定の確認と変更

POPメールの設定は変更できます。メールが送受信できない場合、設定をチェックしてください。

1️⃣ 「設定」アイコン⚙をクリックし、設定画面の「アカウント」をクリックします。
追加されたアカウントをクリックします。

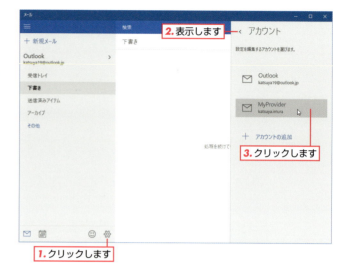

2️⃣ 「メールボックスの同期設定を変更」をクリックします。

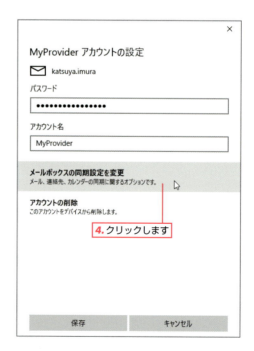

136

Windows 10でプロバイダのメールを受信する Section 4-6

3 「メールボックスの詳細設定」をクリックします。

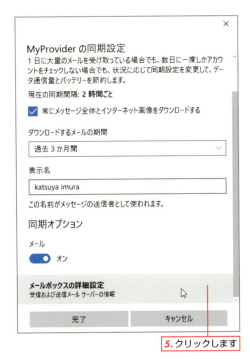

5. クリックします

4 POPの設定が表示されるので、設定を確認してください。

6. 設定を確認してください

137

Windows 10

Part 5

Webブラウザー関連の
手作業でのお引越し

Webブラウザーの「お気に入り」のデータも、Windows 10パソコンに移行できます。Cookieを移行することで、ネットショップの履歴などのデータを移行することができます。また、Internet Explorer以外のWebブラウザーについても、解説しています。

Internet Explorerの「お気に入り」「Cookie」のお引越し

Section 5-1

ここでは、Internet Explorerの「お気に入り」「Cookie」「フィード」「電子証明書」の手作業でのお引越し方法について説明します。

古いパソコンで「お気に入り」や「Cookie」のデータをバックアップする

　Internet Explorerの「お気に入り」「Cookie」「フィード」のデータは、Internet Explorerのウィザードで書き出すことができます。

　ここでは、XPのInternet Explorer 8で「お気に入り」のデータを例に説明します。なお、操作方法は「Cookie」「フィード」も同じです。また、他のバージョンでも同様に操作してください。

1 Internet Explorerを起動して、「ファイル」メニューから「インポートおよびエクスポート」を選択します。「ファイル」メニューが表示されていない場合は、F10キーを押してください。

2 「インポート/エクスポート設定」が起動するので、「ファイルにエクスポートする」を選択し、「次へ」ボタンをクリックします。

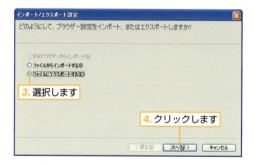

3 書き出すデータの種類にチェックして、「次へ」ボタンをクリックします。

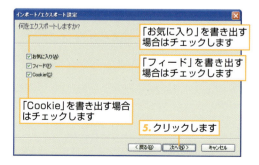

Internet Explorerの「お気に入り」「Cookie」のお引越し **Section 5-1**

4 「お気に入り」フォルダが選択されていることを確認して、「次へ」ボタンをクリックします。
「Cookie」「フィード」のエクスポートでは、この画面は表示されません。

6. 選択されていることを確認します

7. クリックします

5 「お気に入り」（または「Cookie」「フィード」）のデータの保存先を指定するために、「参照」ボタンをクリックします。

8. クリックします

6 保存場所を指定して、「保存」ボタンをクリックします。ファイル名はそのままでかまいません。ここでは、USBメモリー内の「IE」フォルダーに保存しています。

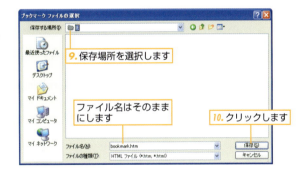

9. 保存場所を選択します

ファイル名はそのままにします

10. クリックします

7 ファイルの書き出し場所を確認して、「次へ」ボタンをクリックします。

11. クリックします

Point　Microsoftアカウントでの同期

Windows 8/8.1/10では、Microsoftアカウントでサインインできます。
同じMicrosoftソフトアカウントを使って異なるパソコンにサインインすると、Windowsの設定やデータがクラウドで共有され、他のパソコンと同期（同じ設定にすること）できます。
Internet Explorerでは、「お気に入り」や「パスワード」などの設定が同期されます。

141

Part 5　Webブラウザー関連の手作業でのお引越し

8 「フィード」「Cookie」も、手順5
　〜7を参考に書き出します。

9 「完了」ボタンをクリックします。

Point　書き出されたファイルの名称

「お気に入り」は「bookmark.htm」、「フィード」は「feeds.opml」、「Cookie」は「cookies.txt」というファイルに書き出されます。

Windows 10で「お気に入り」や「Cookie」のデータを取り込む

　XP/Vista/7/8/8.1で書き出したInternet Explorerの「お気に入り」「フィード」「Cookie」のデータは、Windows 10のInternet Explorerでもウィザードで取り込むことができます。
　操作方法は「お気に入り」「Cookie」「フィード」も同じです。

1 Internet Explorerを起動します。
　F10 キーを押してメニューバーを表示して、「ファイル」メニューから「インポートとエクスポート」を選択します。

Point　Windows 10での Internet Explorerの起動

Windows 10でのInternet Explorerは、スタートメニューの「すべてのアプリ」の「Windowsアクセサリ」から選択して起動します。

142

Internet Explorerの「お気に入り」「Cookie」のお引越し **Section 5-1**

2「ファイルからインポートする」を選択して、「次へ」ボタンをクリックします。

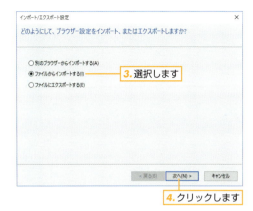

3. 選択します
4. クリックします

3 読み込む項目をチェックして、「次へ」ボタンをクリックします。

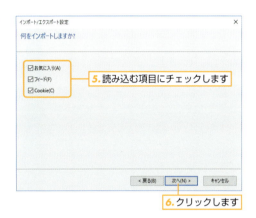

5. 読み込む項目にチェックします
6. クリックします

4 XP/Vista/7/8/8.1で保存した「お気に入り」のデータの読み込み先を指定するため、「参照」ボタンをクリックします。

7. クリックします

143

Part 5　Webブラウザー関連の手作業でのお引越し

5 XP/Vista/7/8/8.1からのデータの保存場所（ここでは「リムーバブルディスク」）を指定して、「開く」ボタンをクリックします。
「お気に入り」は「bookmark.htm」というファイルで保存されています。

6 ファイルの読み込み場所を確認して、「次へ」ボタンをクリックします。

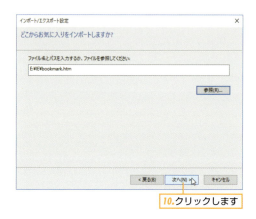

7 「お気に入り」フォルダが選択されていることを確認して、「次へ」ボタンをクリックします。

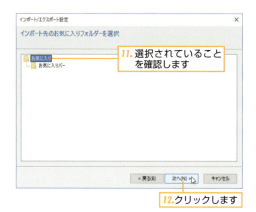

144

Internet Explorerの「お気に入り」「Cookie」のお引越し **Section 5-1**

8 XP/Vista/7/8/8.1で保存した「フィード」のデータの読み込み先を指定します。手順**4**、**5**と同様に、「参照」ボタンをクリックして、読み込み先を指定してください。
「フィード」は「feeds.opml」というファイルで保存されています。
指定したら、「次へ」ボタンをクリックします。

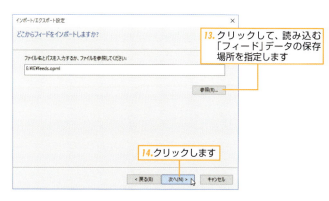

13. クリックして、読み込む「フィード」データの保存場所を指定します

14. クリックします

9 「フィード」フォルダーが選択されていることを確認して、「次へ」ボタンをクリックします。

15. 選択されていることを確認します

16. クリックします

10 XP/Vista/7/8/8.1で保存した「Cookie」のデータの読み込み先を指定します。手順**4**、**5**と同様に「参照」ボタンをクリックして、読み込み先を指定してください。
「Cookie」は「cookies.txt」というファイルで保存されています。
指定したら、「インポート」ボタンをクリックします。

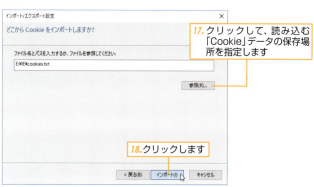

17. クリックして、読み込む「Cookie」データの保存場所を指定します

18. クリックします

11 「完了」ボタンをクリックします。

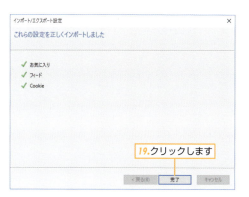

19. クリックします

Part 5　Webブラウザー関連の手作業でのお引越し

電子証明書の移行

　電子取引等で利用する電子証明書を移行するには、XP/Vista/7/8/8.1パソコンのインターネットオプションから書き出した電子証明書ファイルをWindows 10パソコンのインターネットオプションで読み込みます。

▶ **XP/Vista/7/8/8.1パソコンで電子証明書を書き出す**

　ここでは、Windows 8のInternet Explorer 11で説明しますが、他のバージョンでも同じ手順で操作してください。

1 Internet Explorerを起動します。ツールアイコン ⚙ をクリックし、メニューから「インターネットオプション」を選択します。

2 「インターネットオプション」ダイアログボックスが開くので、「コンテンツ」タブを開き「証明書」ボタンをクリックします。

146

Internet Explorerの「お気に入り」「Cookie」のお引越し **Section 5-1**

3 「証明書」ダイアログボックスが開くので、書き出す電子証明書を選択して「エクスポート」ボタンをクリックします。

4 「証明書のエクスポートウィザード」が起動するので、「次へ」ボタンをクリックします。

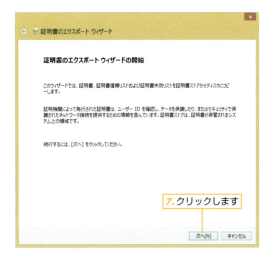

5 この画面が表示された場合は、「はい、秘密キーをエクスポートします」を選択して、「次へ」ボタンをクリックします。

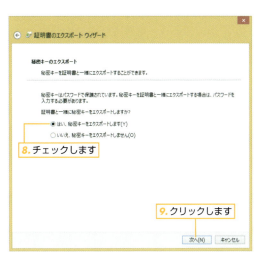

Point インストール時のオプションに依存する

Internet Explorerに電子証明書をインストールする際に、秘密キーのエクスポートが可能になっていない場合は、この画面は表示されません。
秘密キーをエクスポートできないと、Windows 10に移行できない場合があります。その場合は、電子証明書の再発行が必要な場合があります。詳細は、電子証明書の発行元に確認してください。

147

Part 5　Webブラウザー関連の手作業でのお引越し

　この後からは、ウィザードの指示に従って、証明書ファイルの保存場所やファイル名、秘密キーのパスワードなどを設定して書き出してください。
　書き出したファイルは、Windows 10パソコンで読めるようにUSBメモリーなどに保存してください。

▶ Windows 10パソコンで電子証明書を読み込む

　XP/Vista/7/8/8.1パソコンで書き出したファイルを、USBメモリーなどにコピーしてWindows 10パソコンで読み込めるようにしてから作業を開始してください。

1 デスクトップ画面でInternet Explorerを起動してツールアイコン ✿ をクリックし、メニューから「インターネットオプション」を選択します。

Point　Windows 10でInternet Explorerを起動する
Windows 10のInternet Explorerは、スタートメニューの「すべてのアプリ」にある「Windowsアクセサリ」から選択して起動します。

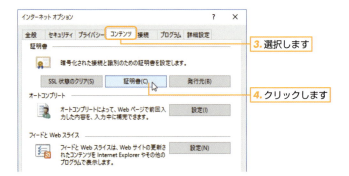

2 「インターネットオプション」ダイアログボックスが開くので、「コンテンツ」タブを開き「証明書」ボタンをクリックします。

3 「証明書」ダイアログボックスが開くので、「インポート」ボタンをクリックします。

148

4 「証明書のインポートウィザード」が起動するので、「次へ」ボタンをクリックします。

6. クリックします

5 「参照」ボタンをクリックして、XP/Vista/7/8/8.1で書き出した証明書ファイルを選択します。ファイルを選択したら、「次へ」ボタンをクリックしてください。

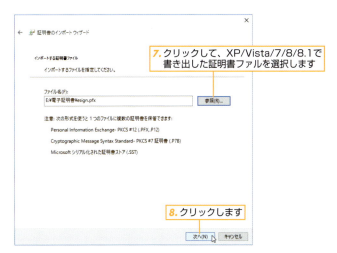
7. クリックして、XP/Vista/7/8/8.1で書き出した証明書ファルを選択します
8. クリックします

6 ウィザードに従って、秘密キーのパスワード等を入力して進んでください。
正常に読み込まれると、「証明書」ダイアログボックスのリストに証明書が表示されます。

正常に読み込まれた証明書

　読み込んだ電子証明書を他のパソコンでも使用する場合は、読み込み時に秘密キーのエクスポートを可能にしてください。

Part 5　Webブラウザー関連の手作業でのお引越し

Section 5-2　FirefoxやGoogle Chromeのお引越し

Internet Explorer以外の主力Webブラウザーである「Firefox」と「Google Chrome」のお引越しについて説明します。

Firefoxのお引越し

　Firefoxは、プロファイルフォルダーをWindows 10パソコンにコピーすることで、ブックマークやアドオンツールまですべてをお引越しできます。

Point　フォルダの表示を変更するには？

Firefox、Google Chromeのデータを移行するには、通常は表示されないフォルダを開く必要があります。「フォルダオプション」ダイアログボックスで「すべてのファイルとフォルダを表示する」を選択し、「登録されている拡張子は表示しない」のチェックを外してください。

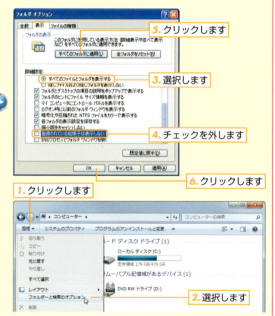

Vista/7パソコンでも、同様に設定してください。
Vista/7パソコンでは、「整理」から「フォルダーと検索のオプション」を選択して設定します。
なお、Windows 7では、「すべてのファイルとフォルダを表示する」が「隠しファイル、隠しフォルダー、および隠しドライブを表示する」に表示が変わっています。

Windows 8/8.1/10では、デスクトップ画面で「エクスプローラー」を起動し、「表示」タブの「ファイル名拡張子」と「隠しファイル」をチェックしてください。

Firefox や Google Chrome のお引越し **Section 5-2**

▶ XP/Vista/7/8/8.1パソコンでの書き出し

　はじめに、XP/Vista/7/8/8.1パソコンでFirefoxのプロファイルフォルダを書き出します。Firefoxが起動している場合は、終了してから作業してください。

1 Windows XPでは、「C:」＞「Documents and Settings」＞「ユーザー名」＞「Application Data」＞「Mozilla」＞「Firefox」＞「Profiles」フォルダーを開きます。

Windows Vista/7/8/8.1では、「C:」＞「ユーザー」＞「ユーザー名」＞「AppDate」＞「Roaming」＞「Mozilla」＞「Firefox」＞「Profiles」の順番に開きます。
ユーザー名はログインしているユーザー名（「スタート」メニューを開いた際に上部に表示される名称）です。
開いたフォルダーに入っているフォルダーをUSBメモリー等にコピーします。

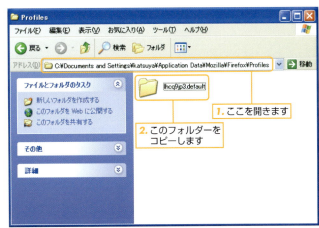

▶ Windows 10パソコンでの作業

　XP/Vista/7/8/8.1パソコンでUSBメモリー等にコピーしたプロファイルフォルダーをWindows 10のFirefoxのプロファイルとして置き換えます。なお、FirefoxのアプリそのものはWindows 10パソコンにインストールする必要があります。ダウンロードしてインストールしてください。

　移行作業はFirefoxをWindows 10パソコンにインストールした後、必ず一回は再起動してから作業してください。また、Firefoxが起動している場合は、終了してから作業してください。

1 Windows 10パソコンのデスクトップ画面でコンピューター画面を開き、「C:」＞「ユーザー」＞「ユーザー名」＞「AppData」＞「Roaming」＞「Mozilla」＞「Firefox」＞「Profiles」フォルダーを開きます。

ユーザー名はログインしているユーザー名（「スタート」メニューを開いた際に上部に表示される名称）です。その中に、XP/Vista/7/8/8.1からコピーしてきたフォルダーをそのままコピーします。
なお、すでにフォルダーがあっても、かまわずコピーしてください。

151

Part 5　Webブラウザー関連の手作業でのお引越し

2 1つ上の「Firefox」フォルダーを開いて、「profiles.ini」をダブルクリックして開きます。

3 「profiles.ini」が「メモ帳」で開きます。[Profile0]セクションにある「Path=Profiles/」の右側の名称をコピーしたフォルダーの名称に変更します。変更したら、上書き保存して閉じます。

4 Firefoxを起動して、XP/Vista/7/8/8.1と同じようになっているかを確認してください。

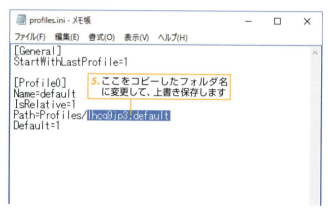

Google Chromeのお引越し

　Google Chromeは、Googleアカウントでログインすると、クラウドを通して他のパソコンやデバイスに利用環境を移行できます。

▶ XP/Vista/7/8/8.1パソコンでログインする

　XP/Vista/7/8/8.1パソコンで、今まで使っていたChromeにGoogleアカウントでログインします。

1 Chromeのウィンドウの右上にある人のアイコン をクリックします。

Firefox や Google Chrome のお引越し **Section 5-2**

2 「Chromeにログイン」をクリックします。

3 Googleアカウント（Gmailのメールアドレス）とパスワードを入力して、「ログイン」をクリックします。

Point **Googleアカウントを持っていない場合**
Googleアカウントを持っていない場合、「アカウントを作成」でアカウントを作成できます。

2. クリックします

3. 入力します
4. クリックします

4 ログインすると、右上の人のアイコンの表示がアカウント名（ここでは）に変わります。
これで、現在の設定がGoogleのクラウドに同期されます。

5. アカウント名が表示されます

▶ Windows 10パソコンでログインする

　Windows 10パソコンにChromeをインストールしたら、前に使っていたパソコンと同様にGoogleアカウントでログインします。
　前に使っていたパソコンの設定がクラウドを通して同期されます。

1. クリックしてログインします
2. 前のパソコンと同じブックマークが表示されます

Point **同期される項目**
Googleアカウントにログインして同期される項目は、設定できます。

153

Part 5　Webブラウザー関連の手作業でのお引越し

▶ 設定を残したままログアウトする

Googleアカウントにログインすると、複数のパソコンやデバイスを使うとすべて同じ環境に同期されます。

それぞれのパソコンで異なった環境で使いたい場合、同期した状態を残してログアウトしましょう。

1️⃣ 右上の「Google Chromeの設定」≡ をクリックして、「設定」を選択します。

2️⃣ 「Google アカウントを切断」ボタンをクリックします。

3️⃣ 「アカウントを切断」ボタンをクリックします。

154

FirefoxやGoogle Chromeのお引越し **Section 5-2**

4 Chromeからログアウトしても、ブックマーク等を同期した設定はそのまま残ります。

同期した設定は残ります
5. ログアウトした状態に戻ります

Point 同期する項目を選択する

Chromeにログインした状態では、同期する項目の確認や選択ができます。
Chromeの「Google Chromeの設定」をクリックし、「設定」を選択して設定画面を開き、「同期の詳細設定」ボタンをクリックします。

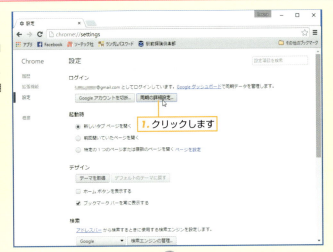

1. クリックします

「同期の詳細設定」ポップアップ画面で「同期するデータタイプを選択」を選択すると、同期する項目を選択できます。

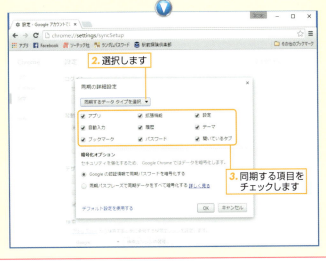

2. 選択します
3. 同期する項目をチェックします

155

Point Chromeにログインしないでブックマーク等を移行する

Googleアカウントを使ってChromeにログインしなくても、ブックマーク等を移行できます。
前のパソコンの以下のフォルダー内にある「User Data」フォルダーをUSBメモリーなどにコピーします。

◆XP
「C:」＞「Documents and Settings」＞「ユーザー名」＞「Local Settings」＞「Application Data」＞「Google」＞「Chrome」

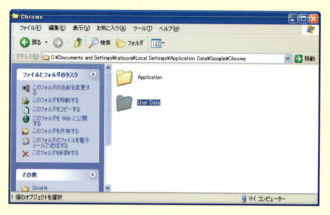

◆Vista/7/8/8.1
「C:」＞「ユーザー」＞「ユーザー名」＞「AppData」＞「Local」＞「Google」＞「Chrome」

次に、Windows 10パソコンで以下のフォルダーを開きます。

「C:」＞「ユーザー」＞「ユーザー名」＞「AppData」＞「Local」＞「Google」＞「Chrome」

元の「User Data」フォルダーは「UserData.old」のように名前を変更してから、前のパソコンからのフォルダーをコピーしてください。

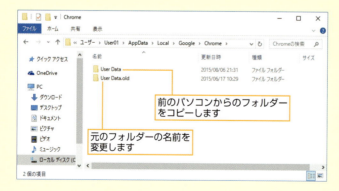

前のパソコンからのフォルダーをコピーします
元のフォルダーの名前を変更します

なお、この方法ではブックマークや履歴などは移行できますが、拡張機能やパスワードは移行できません。

EdgeにInternet Explorerの「お気に入り」を取り込む **Section 5-3**

Section 5-3 EdgeにInternet Explorerの「お気に入り」を取り込む

Windows 10から既定のWebブラウザーになったMicrosoft Edgeの各種設定は、Internet Explorerと独立しています。「お気に入り」は、Internet Explorerから取り込むことができます。

「お気に入り」をインポートする

1 Edgeの「ハブ」をクリックし、「お気に入りのインポート」をクリックします。

2 Internet Explorerにチェックが付いているのを確認して、「インポート」をクリックします。

3 Edgeに「お気に入り」が取り込まれました。

157

INDEX

記号・数字

.NET Framework 3.5	68
32ビット（32bit）	14, 15, 30, 32
64ビット（64bit）	14, 15, 30, 32

B

bookmark.htm	142, 144

C

Cookie	140
cookies.txt	142, 145
「CSVのエクスポート」ダイアログボックス	128
CSVファイルの文字コードを変更する	129

D

DSP版	15
DVDインストーラー	32

E

Edge	157

F

feeds.opml	142, 145
Firefox	150

G

Google Chrome	152
Google Chrome の設定	155
Googleアカウント	153
Google アカウントを切断	154

I

IME	71
Internet Explorer	65, 140, 146, 157
ISOファイル	32
iTunes	74

M

Microsoft IME辞書からの登録	73
My Music	48, 57
My Pictures	48, 58
My Videos	48, 58

O

Outlook	112, 123, 125, 130
Outlook Express	76, 120
Outlookデータファイル	117
Outlookでアカウントを設定する	115, 121
Outlookに乗り換える	120
Outlookのデータを読み込む	117

P

PC のチェック	17
POP	133
POP3	134
profiles.ini	152
「Profiles」フォルダー	151

S

Surface	10, 51, 112

U

USBフラッシュドライブ	32
USBメモリー	31, 40

W

Webブラウザー	65
Windows.old	56, 58, 73
Windows 10	8, 120
Windows 10 Home	13
Windows 10 Pro	13
「Windows 10 を入手する」アプリ	15, 16
Windows 7	13, 37, 43, 51
Windows 7に戻す	27, 28
Windows 8	37, 43, 51
Windows 8.1	13, 37, 43, 51
Windows 8.1に戻す	27, 28
Windows Essentials	67
Windows Liveメール	76, 81, 84, 86, 87, 93, 100, 105, 120, 123, 125
Windows Live メールで書き出す	127
Windows RT	10, 51, 112
Windows Update	20, 41
Windows Vista	37, 42, 58, 87
Windows XP	37, 41, 45, 56, 76
Windowsディスクイメージ書き込みツール	33
Windows メール	87, 120

あ行

アーキテクチャ	32
アカウント情報	79, 84, 91, 96, 104, 109

INDEX

アカウント設定を変更する 123
アカウントの設定 115
アップグレード 8, 11, 13, 15
アップグレード後の再インストール 28
「アップグレードをスケジュール」ボタン 19
アップグレードを取り消す 26
アドレス帳 80, 86, 92, 98, 111
アプリのインストール 62
アンインストール 64
「今すぐアップグレードを開始」ボタン 19
インストールメディアからアップグレードする 23
インターネットオプション 146, 148
インターネットメール 134
エディション 14, 32
お気に入り 140, 157

か行

回復 27
隠しファイル 150
隠しファイルおよび隠しフォルダを表示する 52
隠しファイル、隠しフォルダー、および隠しドライブを表示する
.... 150
カンマ区切り (.CSV) 127
更新とセキュリティ 26
更新プログラムをダウンロードしてインストールする（推奨）
.... 24
個人用フォルダ 113
このPCを今すぐアップグレードする 21
ごみ箱 36

さ行

システム要件 9
受信メールサーバー 134
「証明書」ダイアログボックス 147, 148
証明書のインポートウィザード 149
証明書のエクスポートウィザード 147
仕分けルール 119
すべてのファイルとフォルダを表示する 150
送信 (SMTP) メールサーバー 135
外付けハードディスク 40

た行

他のPC用にインストールメディアを作る 31
他のプログラムまたはファイルからのインポート ... 131
重複した場合、インポートするアイテムと置き換える
.... 118, 131

ディスクのクリーンアップ 38
テキストファイル（カンマ区切り） 131
デスクトップ 50, 54, 60
電子証明書 146
電子メールアカウント 84
登録されている拡張子は表示しない 150
ドキュメント 36, 49, 54, 57, 59

な行

日本語辞書 71

は行

引き継ぐものを変更 22, 25
ピクチャ 36, 54, 60
ビデオ 54, 60
ファイル名拡張子 150
フィード 140
フォルダオプション 150
フォルダーと検索のオプション 150
プレインストール 62
プロダクトキー 29
プロバイダのメールを受信する 133
「プロパティ」ダイアログボックス 37
プロパティの損失 90, 103

ま行

マイドキュメント 36, 46, 49, 57
マイピクチャ 36
ミュージック 54, 60
無償アップグレード 14
無償アップグレードの予約 16
メッセージのインポート 81, 93, 106
メディアクリエイションツール 15, 21, 30
メールアプリ 66
「メール」アプリ (Windows 10) 133
メールデータ 76, 81, 93, 100, 105
メールボックスの詳細設定 137
メールボックスの同期設定を変更 136

や行

ユーザー辞書 71
ユーザー辞書ツール 72
「ユーザー名」ウィンドウ 52

ら行

ライセンス認証 64

159

著者紹介

井村　克也
（いむら　かつや）

1966年生まれ。
1988年にソフトハウスでマニュアルライティングを覚え、1996年からフリーランス。
E-mail：TY4K-IMR@asahi-net.or.jp

■主な著書

「Windows 8.1 パソコンお引越しガイド 8/7/Vista/XP対応」
「Illustrator CC スーパーリファレンス」（Windows & Macintosh）
「InDesign CC スーパーリファレンス for Macintosh & Windows」
「Photoshop CC 2014 スーパーリファレンス」（Windows & Mac OS・共著）
「OS X Yosemite パーフェクトマニュアル」
「無線LANでスマホ・PC全部つながる！ Wi-Fi完全マニュアル」
（以上、ソーテック社）

Windows 10
ウ　ィ　ン　ド　ウ　ズ　テ　ン
パソコンお引越しガイド 8.1/7/Vista/XP 対応

2015年8月31日　初版　第1刷発行

著　　　　者	井村克也
カバーデザイン	広田正康
発　行　人	柳澤淳一
編　集　人	久保田賢二
発　行　所	株式会社ソーテック社
	〒102-0072　東京都千代田区飯田橋4-9-5　スギタビル4F
	電話（注文専用）03-3262-5320　FAX 03-3262-5326
印　刷　所	大日本印刷株式会社

©2015 Katsuya Imura
Printed in Japan
ISBN978-4-8007-1103-8

本書の一部または全部について個人で使用する以外著作権上、株式会社ソーテック社および著作権者の承諾を得ずに無断で複写・複製することは禁じられています。
本書に対する質問は電話では受け付けておりません。また、本書の内容とは関係のないパソコンやソフトなどの前提となる操作方法についての質問にはお答えできません。
内容の誤り、内容についての質問がございましたら切手・返信用封筒を同封のうえ、弊社までご送付ください。
乱丁・落丁本はお取り替え致します。

本書のご感想・ご意見・ご指摘は
http://www.sotechsha.co.jp/dokusha/
にて受け付けております。Webサイトでは質問は一切受け付けておりません。